地方政府债务规模
扩张问题研究

陈会玲　著

中国农业出版社

北　京

图书在版编目（CIP）数据

地方政府债务规模扩张问题研究 / 陈会玲著. —北京：中国农业出版社，2020.10
ISBN 978-7-109-27502-7

Ⅰ.①地… Ⅱ.①陈… Ⅲ.①地方财政－债务管理－研究－中国 Ⅳ.①F812.7

中国版本图书馆 CIP 数据核字（2020）第 205100 号

中国农业出版社出版

地址：北京市朝阳区麦子店街 18 号楼
邮编：100125
责任编辑：司雪飞 郑 君
版式设计：杜 然 责任校对：赵 硕
印刷：北京中兴印刷有限公司
版次：2020 年 10 月第 1 版
印次：2020 年 10 月北京第 1 次印刷
发行：新华书店北京发行所
开本：700mm×1000mm 1/16
印张：12
字数：250 千字
定价：50.00 元

感谢教育部人文社科规划基金项目《地方政府债务规模逆向扩张：机理、影响因素及区际比较》（项目编号：15YJA790005）的支持

目　　录

第一章　导言 ……………………………………………… 1

 第一节　公债认识溯源 ………………………………… 1

  一、古典经济学时期的公债理论 …………………… 1

  二、近代以来的公债理论 …………………………… 2

  三、公债的种类 ……………………………………… 3

 第二节　研究背景与意义 ……………………………… 5

 第三节　地方政府债务与地方政府债券 ……………… 8

  一、地方政府债务的分类及其测算 ………………… 8

  二、地方政府债券内涵及其分类 …………………… 15

第二章　当代中国地方政府债务的发展及监管制度变迁 …… 22

 第一节　中国地方政府债务的发展变迁 ……………… 22

  一、中国地方政府债务的基本内涵及特征 ………… 22

  二、城投债的发展历程 ……………………………… 24

 第二节　中国地方政府债券形式的演变及其逻辑起因 …… 28

  一、中国地方政府债券形式的演变 ………………… 28

  二、中国地方政府债券的特征 ……………………… 33

  三、中国地方政府债券形式演变的逻辑起因 ……… 35

 第三节　地方政府债券的发行及偿还 ………………… 38

  一、美国、日本、中国地方政府债券的发行审批制度 …… 38

　　二、地方政府债券收入资金的使用 ……………………………… 44

　　三、偿还制度 ……………………………………………………… 49

　第四节　中国地方政府债务监管政策的演变 ……………………… 53

　　一、从禁止到初步发展阶段：1994—2008 年 …………………… 53

　　二、支持与规范阶段：2009—2013 年 …………………………… 54

　　三、法制化和逐步完善阶段：2014 年至今 ……………………… 55

第三章　中国地方政府债务规模扩张的理论基础 …………………… 68

　第一节　公共产品与地方政府职能扩张 …………………………… 68

　　一、"市场失灵"与公共产品供给 ……………………………… 68

　　二、地方政府职能理论 …………………………………………… 70

　第二节　财政分权 …………………………………………………… 72

　　一、财政分权理论 ………………………………………………… 72

　　二、财政分权：历史与现实 ……………………………………… 75

　第三节　地方政府融资工具 ………………………………………… 79

　　一、地方政府融资工具的类型 …………………………………… 79

　　二、地方政府融资工具的比较 …………………………………… 81

　第四节　地方政府债务效应分析 …………………………………… 87

　　一、地方政府债务的财政效应 …………………………………… 87

　　二、地方政府债务的货币信用效应 ……………………………… 92

　　三、地方政府债务的若干负面效应 ……………………………… 93

第四章　中国地方政府债务规模扩张机理 …………………………… 96

　第一节　"委托代理"关系假说 …………………………………… 96

　　一、委托代理关系模型 …………………………………………… 96

　　二、地方政府债务的委托代理问题 ……………………………… 97

　　三、委托代理关系下地方政府债务规模扩张机理 ……………… 99

第二节　混合驱动假说 …………………………………………… 102

　　一、投资驱动假说 ……………………………………………… 103

　　二、利益驱动假说 ……………………………………………… 105

　　三、混合驱动假说下地方政府债务规模扩张的机理 ………… 107

第五章　地方政府债务规模扩张的影响因素 ……………………… 109

　第一节　城镇化水平与地方政府债务规模扩张 ………………… 109

　　一、文献回顾 …………………………………………………… 110

　　二、研究假设与实证检验 ……………………………………… 114

　　三、城镇化与地方政府债务规模的内在逻辑及作用机制 …… 122

　　四、研究结论与政策建议 ……………………………………… 126

　第二节　经济周期对地方政府债务规模扩张的影响 …………… 127

　　一、经济周期与地方政府债务规模扩张的关系 ……………… 127

　　二、美国经济收缩期地方政府债务规模扩张 ………………… 130

　　三、我国经济周期与地方政府债务规模扩张的动态关联 …… 134

　第三节　地方政府债务规模扩张的限制因素 …………………… 136

　　一、地方政府付息和债务偿还能力 …………………………… 137

　　二、社会资本形成的债务最高水平 …………………………… 139

　　三、地方政府债务规模的制度性约束 ………………………… 143

第六章　地方政府债务规模扩张的区际比较 ……………………… 148

　第一节　文献回顾 ………………………………………………… 148

　　一、地方政府债务与经济增长 ………………………………… 148

　　二、地方政府债务的适度规模 ………………………………… 150

　　三、地方政府债务对经济增长的影响机制 …………………… 152

　　四、新型城镇化与地方政府债务关系的研究 ………………… 153

　第二节　理论假说 ………………………………………………… 154

一、基础设施投资、地方政府债务与经济增长 …………… 154

二、城镇化水平、地方政府债务与经济增长 …………… 156

三、经济发展水平、地方政府债务与经济增长 …………… 157

四、债务水平、地方政府债务规模与经济增长 …………… 157

第三节　实证分析 ……………………………… 158

一、变量及数据处理前的工作 ……………… 158

二、计量模型设定 ………………………… 163

三、地方政府债务规模对经济增长的影响 ……………… 164

四、地方政府债务经济增长效应的地区比较 …………… 167

五、结论及政策含义 ……………………… 172

参考文献 …………………………………… 175

第一章 导　　言

地方政府债务属于地方级次上的公共债务，是地方政府未来征税权的预先支用。因地方经济发展需要，地方政府债务规模迅速扩张，特别是在工业化城镇化发展过程中。在中国未建立规范的地方政府债券制度前，地方政府债务在多年严格管理下仍不见退热趋势，其逆向扩张现象的普遍性和顽固性，促使学者们对地方政府债务规模扩张问题进行深入研究，以探求其内部隐藏的发展规律，为政府决策提供理论依据。

第一节　公债认识溯源

从行政级次层面来讲，公债一般分为国家公债和地方公债。国家公债统称国债，常作为低风险的保值增值投资工具；地方公债即通常大众所讲的地方债。公债的诞生晚于私债，对公债用途的认识经历了从非生产论到生产论再到工具论一个曲折的过程。

一、古典经济学时期的公债理论

公债最早诞生于西方国家，"在中世纪的热那亚和威尼斯就已产生，到工场手工业时期流行于整个欧洲"。初期主要用于战争、王室消费等非生产性支出，鉴于当时情况，古典经济学家大多反对不具有生产性质的公共债务，基本上都持公债有害的认识。

重农学派经济学家弗朗索瓦·魁奈坚定地认为公债创造一个不劳而获的食利者阶层，使货币财产用于不生产的部分越来越多，并挤占了用于改善土地财力和土地耕作经营所必需的货币财产。这种状况将会使不生产的金融业和生产性的农业分离，不利于国家物质财富的增加，反而会有害于经济繁荣。亚当·斯密的公债观点主要是：由于举债容易，英国在非常时期（譬如战争时期）偏好举债，公债规模日增，达到超出支付偿还能力时，政府就以提高货币名义价值等办法假公债偿还之名行倒账之实，使国民倍遭损失。公债使土地和资本所产生的大部分收入，由土地所有者和资本所有者手中转移到国家债权者手中，久而久之，必然引起土地荒芜和产业资本滥用或迁移。斯密以意大利共和国、西班牙、法国和荷兰等国佐证，举债方略曾使这些国家都趋于衰微而荒废。与反对赋税一样，李嘉图对公债也持否定态度，他将英国公债比喻为"空前无比的灾祸"。法国经济学家让·巴蒂斯特·萨伊根据法国的公债发行经验，持古典学派的看法，坚决反对政府举债与赤字财政。萨伊认为各种公债都是有害的，使资本从生产用途退出，转向非生产消费方面。私人借债一般是生产性用途，有益于经济发展和物质财富增加。政府借债是为满足非生产性消费或支出，本质上是对现有资本的浪费。政府举债由于资本耗费而不利于生产，且后期的付息会给后代造成税赋负担。

二、近代以来的公债理论

到了近代，经济学家对公债的认识更客观辩证。马克思在分析资本主义原始积累时指出，"公债成了原始积累的最强有力的手段之一。它像挥动魔杖一样，使不生产的货币具有了生殖力，这样就使它转化为资本。"公债增加引起增税，过重课税就成为一个铁的原则。公债制度导致"对一切下层中产阶级分子的暴力剥夺"。从阶级分析角度看，公债将大众的财富分配给资本家，充当一种新的分配不均机制。

英国近代著名的财政学者巴斯特布尔（C. F. Bastable）认为，如果有临时性的巨额支出，若以增加的税收补充，则会破坏正常的税赋制度，以公债替代税收比较有利；若临时经济需要一种延长数年之久的经费，必须以税收制度为上策。他说公债与私债一样，要看是否用于生产性事业来判断。随着财政职能变化，积极参与国民经济，新公债理论应运而生。约翰·梅纳德·凯恩斯认为，经济危机的出现是因为有效需求不足，有效需求由私人需求和公共需求构成。在私人需求不足时，政府必须出面调控经济运行，增发公债，代替私人增加公共投资支出，实行赤字财政。他说："举债支出虽然是浪费，但结果倒可以使社会致富"。公债支出不论用于公共投资或社会福利，均可以增加投资和消费，大大减少失业人数，使经济逐渐达到充分就业的水准。

美国哈佛大学教授阿尔文·汉森认为，公债规模扩大是经济繁荣和充分就业的必要条件。当经济周期进入不景气区间时，对经济预期的悲观限制了私人消费和投资，政府以举债支撑公共支出来提振经济。因此，公债可能是一种"经济福利"，是增加国民收入和保证充分就业的有利因素。新古典综合学派萨缪尔森认为，公债是国家用以实现经济增长和经济稳定的财政政策工具。指出短期内当就业不足时大规模的公债会增加产出，而在长期，由于日益增加的"支付外债的成本"强迫一国为偿还外债而减少消费，由于"公债利息支付的无效率"，以及公债对私人资本的挤出效应，导致社会总投资减少，"巨额政府债务"会降低潜在的经济增长。这种积极态度对美国当时的财政政策产生了极大影响。

综上所述，对公债认识的演进经历了一个漫长过程，从最初的有害论到利弊论，展现了在不断变化的经济环境中经济学家的认识进路。

三、公债的种类

（一）按照举债主体分类

以发行主体为标准，可分为中央公债和地方公债。中央公债又称国债，由中央政府发行，所筹资金由中央政府支配使用并负责偿还。地方公债由地方政府发行，所筹资金由地方政府支配使用并负责偿还。在日本，非政府保证的公司、公库、公团债也列为公债范畴。政府保证债是由政府以信誉对债务实行保证，而由与政府相关的机关发行的债券。地方债包括普通会计预算债和企业会计预算债。当前，中国地方政府债券是地方债的唯一形式，其额度在国务院确定并经全国人民代表大会批准。

（二）按公债发行的期限分类

可以分为超长期公债、长期公债、中期公债和短期公债。超长期公债的偿还期限一般为 15～20 年，长期公债的偿还期限一般为 5 年以上10 年以下，中期公债的偿还期限大多在 1 年以上 5 年以下，短期公债的偿还期限在 1 年以内。中国地方政府债券近几年的平均发行期限有逐步延长趋势，如表 1-1 所示。

表 1-1　中国地方政府债券的平均发行期限（年）

	2020	2019	2018
一般债券	19.7	12.1	6.1
专项债券	14.3	9.0	6.1
平均发行期限	17.6	10.3	6.1

注：①资料来源于中华人民共和国财政部；②2020 年数据统计截至 3 月末。

（三）按照资金来源分类

一是间接融资途径，主要来源于贷款，是贷款类公债。可以来自国内银行贷款，也可以来自国外银行、国际金融机构或区域性的金融组织等的贷款。二是直接融资途径，一般情况下通过发行公共债券，属于债券类公债。发行对象可以是国内居民，称为内债，也可以是国外居民，即外债。

（四）按照公债的用途分类

一是普通公债。用于弥补财政收入不足，平衡财政收支的公债。二是借换公债，即展期公债，或"以新换旧"公债。用于当公债偿还到期而政府无力偿还的情形，通过发行新公债替换旧公债，以延期偿还公债。三是投资公债。用于投资各级政府承担的公共基础设施、公共服务和公共事业等。投资公债可以分为公益性投资和非公益性投资。四是支付公债。公债到期时，代替现金用作支付手段的公债，即双方在契约规定的期限内，债务人以一定数量的公债替代现金支付给债权人。

（五）按照公债的流动性分类

以公债发行后是否可以在金融证券市场上买卖，分为可转让公债和不可转让公债。可转让公债的持有者在认购期间可以通过证券交易机构或银行柜台随时变现，当前各国发行的公债大多数都是可转让的。发行后不能在金融证券市场上买卖的公债称为不可转让公债。中国地方政府债券属于可转让公债，可以在市场上交易流通。据相关资料显示，2020年1～3月，地方政府债券二级市场交易金额2 990 684.66亿元，其中，现券交易25 821.99亿元，回购交易2 641 225.87亿元，同业拆借323 636.80亿元[1]。

第二节　研究背景与意义

经济发达国家大多以地方政府债券方式融资，地方政府债券成为地方政府债务的主要内容。美国是发达市政债券市场的代表。如果从1812年第一支在美国纽约问世的市政收益债券算起，距今已二百余年[2]。美国普遍依赖市政债券为地方政府融资始于19世纪30年代。当时，市政府发行大量市政债券为城市建设供水系统、污水排污系统、道路以及运河建设工程等筹资。经过近一个世纪的发展，到20世纪初期，美国市政债券年发行量超过1.5亿美元。此后市政债券市场迅速扩大，1919年美国市政债券年发行量超过10亿美元；1965年市政债券规模达

---

[1] 财政部网站地方政府债券市场报告（2020年3月）。

[2] 相关资料表明，早在1812年，纽约市政府就发行过收益债券（Godfrey）。在章江益著的《财政分权条件下的地方政府负债》中，引用资料表明，早在18世纪中叶，纽约市就发生过几笔贷款（Hillhouse，1936）。但这种说法值得商榷，因为，一方面美国在1780年以前，商业银行尚未问世，美国商人主要通过信用票据获得货币信用，或者利用易货贸易和贸易信贷之类的货币替代形式。因此当时市政债券这种金融创新工具存在的可能性不大；另一方面，美国城市人口的大量增长最早发生在1790年至1820年。18世纪中叶尚未出现较大的人口聚集地，不可能存在对市政债券的大量需求。不过有一点可以肯定，美国在独立战争期间曾发行过债券，当时发行短期债券是大陆会议的唯一财源，但这却是18世纪中后叶的事情。另外，在此后的汉密尔顿时期，美国发行的债务总额为7 700万美元，其中1/3为州政府债务。

到 1 000 亿美元；1985 年则高达 15 000 多亿美元。美国市政债券发展实践表明，市政债券对于推动社会经济发展，加快城市化进程，实现工业现代化具有极其重要的意义。

中国地方政府债务发展经历了一个曲折过程。20 世纪 50 年代初期，东北政府为筹措地方建设资金曾发行过东北生产建设折实公债。20 世纪 50 年代末和 60 年代初，根据中共中央《关于发行地方公债的决定》，江西、东北等部分地区根据本地实际，零散地发行过地方政府债券，主要用于基本建设和基础设施建设。20 世纪 80 年代末期和 90 年代初期地方政府以低息甚至无息贷款发行过地方政府债券。

1994 年是地方政府债券发展的分水岭，一方面，分税制改革扩大了地方财政收支缺口。中央与地方政府间的收支范围在分税制后初步确定，地方政府在事权范围不减少的同时，一部分财权上移至中央政府，这导致地方财政入不敷出现象严重；另一方面，同年通过的《预算法》禁止地方政府发债①。理论上，分税制财政体制一般都赋予地方政府发行债券的权限。体制改革的要求与现实制度的矛盾加剧了地方政府财政困境。虽然有比较规范的纵向转移支付制度和中央财政的税收返还制度补充，但力度有限。为缓解地方财政收不抵支，中央政府根据宏观经济形势需要，采取相机抉择的财政政策。譬如，1998—2005 年，为应对亚洲金融危机以及国内需求不足，中央政府在财政年度中调整预算，增发长期国债专项用于基础设施建设，其中一半转贷给地方政府使用。相对地方政府资金需求而言，国债转贷杯水车薪。因为在城镇化快速发展进程中，地方政府扩大了提供公共产品的范围和水平，不仅要为当地居民修建公路、学校、供水供电等公益性基础设施，而且必须满足当地居民（包括外地务工人口）对公共产品的质量需求。实际上，为规避法律制约，地方政府及其部门和机构通过地方融资平台公司筹集地方建设资

---

① 1994 年《中华人民共和国预算法》第 28 条规定："除国务院和法律另行规定外，地方政府不能发行债券"。

金，其还款来源主要包括财政部门预算内安排资金、土地出让金、置换土地变现、股权投资收益以及自身运营收益等。虽然地方政府融资平台在城镇发展中发挥了积极作用，但因规模增长过快，导致地方政府债务风险凸增。

根据审计署的审计结果，截至 2013 年 6 月底的地方政府债务总计 17.9 万亿元。另据国际货币基金组织（IMF）的估计，2013 年地方政府债务占国内生产总值（GDP）的比重已经达到 36％，这一比例为 2008 年的两倍①。地方政府债务规模过快增长和风险隐患成为社会各界关注的焦点。自 2010 年始中国政府已在试图控制地方债务增长，党的十八届三中全会提出建立规范合理的地方政府债务管理及风险预警机制以来，国务院和财政部多次连续发文加强地方政府债务管理。2014 年 9 月发布的《关于加强地方政府债务管理的意见》（简称国发 43 号文）在赋予地方依法适度举债权限的同时，加强了对地方政府债务的监管，明确提出要把地方政府债务分门别类纳入全口径预算管理，并将存量债务纳入预算管理。为贯彻落实国发 43 号文，做好地方政府存量债务纳入预算管理清理甄别工作，同年 10 月底，财政部印发《地方政府存量债务纳入预算管理清理甄别办法》通知（财预〔2014〕351 号），简称财发 351 号文，明确提出"将地方政府存量债务纳入预算管理清理甄别工作"，主要目的是"清理存量债务，甄别政府债务，为将政府债务分门别类纳入全口径预算管理奠定基础"。

国发 43 号文和财发 351 号文旨在规范地方政府债务融资、强化预算纪律和重组地方政府债务。在土地出让收入下降和地方财政约束收紧的背景下，地方政府加大基础设施建设的大量投资受到限制。但地方政府行为存在逆向选择，仍持续扩张债务规模。地方政府债务规模扩张是

---

① 截至 2019 年 10 月末，全国地方政府债务余额 213 800 亿元，控制在全国人大批准的限额之内。其中，一般债务 119 235 亿元，专项债务 94 565 亿元；政府债券 211 550 亿元，非政府债券形式存量政府债务 2 250 亿元。地方政府债券剩余平均年限 5.1 年，其中一般债券 5.0 年，专项债券 5.2 年；平均利率 3.54％，其中一般债券 3.54％，专项债券 3.53％。

惯性结果，还是必然规律？研究地方政府债务规模扩张的机理和影响因素，尝试探索地方债务规模发展的规律性，为地方政府决策提供理论依据和实证支撑。这是本书研究的理论价值。

在经济发展新常态阶段，经济结构的深度调整仍依赖投资需求扩张。2014 年中央经济工作会议指出，"必须善于把握投资方向，消除投资障碍，使投资继续对经济发展发挥关键作用"，会议闭幕时指出，地方债务水平持续上升是一个重要问题。2019 年中央经济工作会议提出"较大幅度增加地方政府专项债券规模"。显然，随着经济发展形势的变化，需求结构的调整对地方政府债务规模扩张提出了迫切要求，迫切需要探求解决地方财政约束和地方投资扩张之间矛盾的途径，实现地方政府债务的可持续性，以适应经济新常态的发展要求。这是本书的应用价值之一。

聚焦"地方政府债务规模扩张"这一关系经济运行的重大现实问题，通过区际比较，分析地方政府债务规模扩张的理性条件，探索地方政府债务规模扩张的差异性，为地方政府的有效决策提供理论依据，避免地方政府在债务规模治理中"从一个极端走向另一个极端"，从地方政府治理层面促进新常态经济的平稳运行。这是本书的应用价值之二。

第三节　地方政府债务与地方政府债券

地方政府债券的发行直接关涉地方财政行为，并与地方居民利益密切相关。明确界定地方政府债券的含义，分析其特征，并对其进行严格的分类，是进一步研究中国地方政府债务规模扩张的基础。

一、地方政府债务的分类及其测算

（一）债务的内涵及分类

1. 债务的含义

广义的债务包含商品债务、货币债务以及一切可依凭一定代价在未

来偿付的东西。狭义的债务仅指货币债务，即一方向另一方有偿提供的
资金。这也是本书所探讨的债务范围。从这个范围来看，债务的经济
学意义在于货币的稀少性价值；它的法律意义在于货币使用权暂时让
渡条件下的权利义务关系；它的制度属性可归于一个偿付债务的社会
在债务的购买和解除上所必需的协力一致的行动，包括所需要的程序
和手续以及如契约之类的工具。因此，完整的债务含义指在一定的制
度框架内，债权人为获取利息向债务人所融通的资金。按照契约规定
债务人具有在特定日期偿还本金和利息的义务，债权人具有在约定日
期索取本金和利息的权利（或称行使货币所有权）。债权债务关系也
可以看作一个特殊的交易关系，与即时交易不同的是，债务的买方需
要在未来时日（称为债务的未来性）偿还债务，恰是这种包含风险因
素的未来性，使债务的卖方——债权人具有正当的理由索要额外
补偿。

2. 债务的分类

从债务人主体特征来看，债务可以分为公司债务、金融机构债务、
政府债务、个人债务等。公司债务一般包含以下几种类型，一是公开发
行的债券。大多为大型企业采用的发行方式。公开发行债券发行规模
较大、到期时间长、限制性条款相对较少、可以随时赎回，公开发行
债券的发行利率最低。二是银行贷款。作为一种正规的融资渠道，大
多为国有公司融资所采用。中小企业融资受制度障碍的约束，办理银
行贷款手续烦琐、额度偏低，虽然违约风险较低，却难以得到银行的
青睐。三是私募发行的债券。中等规模的企业常采用这种方式，这些
企业的历史信用状况无法满足公开发行债务的要求，但是足以满足私
募发行的要求。私募发行债券有许多限制性条款，通常不会展期。它
的主要购买者是人寿保险公司，人寿保险公司对发行私募债券的企业
进行密切监督，持有债券直至到期。按照政府级次划分，政府债务一
般分为中央政府债务（又称国家债务）和地方政府债务。按照债权人
的国籍，可以分为国内投资者拥有的政府债和国外投资者拥有的政

府债务。

（二）中国地方政府债务的分类

鉴于中国财政体制改革的渐进性，地方政府债务的分类随时间而演变。由于统计目的不同，学术界和政府对地方政府债务的统计口径差异悬殊。

政府对地方政府债务的划分有两种分类与统计口径。

1. 按照地方政府的义务分类

这种分类方法是 2013 年审计署对地方政府债务审计时提出的分类，在这种分类体系下，地方政府债务分为三类：政府负有偿还义务的债务（简称"政府债务"）、或有担保债务、或有救助债务（两者合称"或有债务"）。政府债务由地方政府在财政性预算收入中列支，且在后期的债务整理中，征得债权人同意的条件下，地方政府可以将 2015 年前存在的非债券形式地方政府存量债务置换为长期低利率的地方政府债券（简称"置换债务"），这种置换方式的延期债务旨在减少地方政府的财政收支压力。根据《地方政府性债务风险应急处置预案》（国办函〔2016〕88 号文），或有债务有不同的处理方式。对于或有担保债务而言，若原始债务人无法全额偿还，地方政府最多承担未清偿债务的三分之二的偿还义务；对于或有救助债务，则视情况给予一定的救助。2015 年新《预算法》实施，其中规定地方政府只能以一般债券和专项债券的形式举借债务，不允许地方政府提供任何形式的担保。此后，地方政府新增债务由政府负有完全偿还责任，或有债务分类逐渐淡出文字视野。

2. 按照债务是否在地方政府的资产负债表中列出分类

这种分类方法将地方政府债务分为显性债务和隐性债务。起源于 2017 年后政府各类会议报告中，此后屡次被提及，近几年受到市场关注较多。显性债务可以理解为，编制进地方政府资产负债表，直接体现在负债项目中的债务。显性债务由财政部预算司每月统计披露。近几年的显性债务统计数据如表 1-2 所示。

表 1-2 2017—2019 年显性债务数据（万亿元人民币）

年份	显性债务规模	以未偿还债券形式存在的债务	以非债券形式存在的债务
2017	16.470 6	14.744 8	1.725 8
2018	18.386 2	18.071 1	0.315 1
2019	21.307 2	21.118 3	0.188 9
2020	23.040 2	22.8513	0.188 9

注：①数据来源财政部预算司；②2020 年数据统计截至 4 月末。

　　隐性债务在已公开资料中虽然没有明确定义，但是从已有市场研究和政府相关公告来看，隐性债务一般可以理解为不在限额和预算管理计划内，不以地方债形式存在，但地方政府可能要承担偿还责任的债务。譬如，城投债、机关事业单位主体债务、拖欠工程款项的债务、集资形成的债务、回购融资债务、信托融资债务等，这类债务名目多、增长快、规模大，没有偿债收入来源。我国预算会计制度采用收付实现制，使得形式隐蔽、情况复杂的地方政府债务游离于政府会计核算系统外，难以监管。这类隐性地方政府债务具有地方政府或有债务的特征，它的连续性积累容易形成大规模超量债务而导致违约事件发生，地方政府出于社会经济稳定等公共目标被迫出面调解或代为偿还。

　　从形式上看，隐性债务主要包括以下几类：

　　第一，地方政府提供的担保债务和抵押债务。主要包括：城市建设投资开发公司（简称"城投公司"）、地方产业引导基金、机关事业单位和 PPP（Public Private Partnership）项目公司等主体的举债融资提供隐性担保；以国有资产为抵押品进行融资的债务形式。

　　第二，为公益性或准公益性项目建设融资所筹措的债务，纳入地方政府财政预算支出，以财政资金收入偿还。

　　第三，具有商业投资性质但违背商业投资原则的融资。这类地方政府债务表现为具有固定支出责任，且由财政列支。一般情况下商业投资遵循"高风险高收益"的对称原则，违背该原则意味着权利义务的不对等性。收益风险固定支出责任表现为：承诺最低收益、承诺本金回购、承诺社会资本亏损等形式。譬如，在 PPP 融资中，按照相关规定，规范的财政支出应当满足的条件为：（1）PPP 支出责任不超出一般公共预算的 10％；（2）PPP 支出须经过严格的绩效评估，支出比例与社会资本的建设运营效率、项目工程投资成本收益等因素紧密相关。第一个条件比较容易满足，但第二个条件在现实中容易被突破。譬如，PPP 项目中地方政府投资的部分采取固定回报形式，项目融资合同中缺乏绩效付费等约束性条款等。这种情况下，与 PPP 相关的财政支出不可以认定为"规范的中长期财政支出"，因为无论项目经营绩效如何，资本收入不变，助长了低效率甚至无效率的投资，增加了地方政府投资风险。这类地方政府债务应被认定为隐性债务。

学术界对于地方政府债务分类获得广泛认可的是依据财政风险矩阵的分类，这种分类方法将地方政府债务分为四种类型：显性直接债务、显性或有债务、隐性直接债务和隐性或有债务。

（三）地方政府隐性债务规模的测算

地方政府债务总额中属于地方政府债券类的规模有公开披露数据，相对容易获取且比较清晰，但隐性债务规模比较错综复杂，难以估算清楚。本书主要估算地方政府的隐性债务规模。

现有文献中，大致有四种方法测算地方政府隐性债务规模。

1. 依据隐性债务的属性和政府级次的估算

分为地方政府融资、地方政府国债项目配套资金、地方政府的政策性债务、地方政府担保的外债和县乡政府债务五种类型，由此口径估算地方政府存量隐性债务规模。其中，地方政府融资包括地方政府担保或变相担保形式的银行贷款，以及地方政府成立的城投公司平台融资；地方政府的外债主要有国际金融组织贷款、外国政府贷款、国际商业贷款以及其他贷款等。

2. 依据隐性债务的资金使用投向的估算

这种估算方法隐含的假设是无论隐性债务形式如何多元复杂，最终会使用并形成地方政府的基建投资项目。对地方政府基建项目投资总额进行大项扣除后可以估算出地方政府的隐性债务规模。主要扣除项包括：政府预算内资金、基建工程相关投资部门的自有资金、市场投资主体筹借的资金等。由于在计算过程中采取的是大项扣除方法，没有进行精准推演，计算误差比较大。一是地方政府隐性债务中不同省份基建项目的投资比例不同，有的省份可以达到85％左右，有的省份只有65％。二是除预算内资金数额清楚准确外，其他项目存在遗漏、偏误等误差。三是地方政府隐性债务规模是存量数据，需要对每年的基建投资流量数据进行累加式扣减，另外扣除当年偿还的隐性债务规模，才能获得隐性债务规模存量，在层层扣减和年年扣减的类似循环性计算中，误差会被逐项累计性放大。这类测算方法不太适合较为准确的估计，但适用于模糊测算。

3. 依据资金来源渠道的估算

估算的总体思路是，在不考虑违规的中长期财政支出对地方政府隐性债务贡献的前提下，隐性债务资金收入主要来源于债券、银行贷款、以信托贷款和委托贷款为主的非标准债权资产[①]、融资租赁四类，同时结合四大债务资金投向，针对地方政府债务收入的支出项目，加总四大融资手段形成的地方政府隐性债务规模，即可得到隐性债务总额。

测算时，可以做以下两个贴近现实的假设：一是假设这四类融资来源投向基建项目的债务资金构成地方政府隐性债务；二是假设这四类融

---

① 2013年3月27日银监会在下发的《关于规范商业银行理财业务投资运作有关问题的通知》（银监发〔2013〕8号，以下简称"8号文"）中，首次对"非标准化债权资产"明确定义，"指未在银行间市场及证券交易所市场交易的债权性资产，包括但不限于信贷资产、信托贷款、委托债权、承兑汇票、信用证、应收账款、各类受（收）益权、带回购条款的股权型融资等"。非标资产与标准化资产相比，呈现出透明度低、形式灵活、流动性差、收益相对较高等特点，规模体量巨大。在业务实践和监管操作中，非标资产的界定口径还存在一定弹性和变化。

资来源投向城投公司的债务资金构成地方政府隐性债务。李启霖、钟林楠（2019）测算过程中，银行贷款中14%～15%流向城投平台，并可能形成地方政府隐性债务。债券存在的隐性债务主要是城投债形式，这个数据相对较公开透明。委托贷款和信托贷款中大约35%的债务资金投向基础行业。融资租赁由内资租赁、外资租赁和金融租赁构成，其中，内资租赁和外资租赁的应收融资租赁贷款30%左右分布在基建行业，金融租赁中均值约54%分布在基建行业。根据这种测算方法，李启霖、钟林楠（2019）估测出2018年末全国地方政府隐性债务余额大约为37万亿元人民币，加上18.3万亿元的显性债务，合计共有55.3万亿元的地方政府债务余额。

4. 依据举债主体的估算

地方政府隐性债务主要来源于非政府主体的负债，主要依赖两大主体，即城投公司、政府投资基金和PPP项目公司。

2013年开始政府对城投公司债务进行严格监管，2014年公布的新《预算法》对城投公司债务和地方政府债务进行了彻底切割，断绝了地方政府隐性债务风险。但是，作为金融机构类贷款、非标准化债权资产和债券类资产重要融资主体的城投公司，其前期投资的项目中大多具有公益性质，到期规模大，债务存量高，现金流创造能力差，为避免因陷入"资金荒"而导致的一系列金融机构坏账资产，地方政府会主动或被动充当"救火员"角色，替部分城投公司出资。可以将城投公司的相关债务计入地方政府隐性债务，具体包括的类别有：短期借款、长期借款、应付票据、应付债券、短期非流动性负债、非标准化债券资产等。

政府投资基金和PPP项目形成的隐性债务规模，由于两者之间有交叉重叠，且政府的担保比例未知，因此很难估算。如果保守估计，2018年末全国PPP项目投资额中约20%形成隐性债务2万多亿元人民币，加上政府投资基金中的隐性债务，这部分债务主体中的隐性债务总规模近6万亿元人民币。

二、地方政府债券内涵及其分类

（一）债券、地方政府债券的基本内涵

1. 债券的基本内涵

当债务具有流通性，可以在市场上公开买卖交易时，债务就具有了债券的性质。债券是在政府、金融机构、工商企业等机构直接向社会借债筹措资金时，向投资者发行，且承诺按一定利率支付利息并按约定条件偿还本金的债权债务凭证。债券的本质是债的证明书，具有法律效力。债券持有者对发行者拥有债权，发行者有义务在特定期限后支付给持有者特定数量的利息，且在到期日偿还贷款本金。

债券具有流通性、偿还性、收益性和安全性等特征。债券的流通性使得债券持有者在债券到期前可以将手中的债券卖出并转换为现金；同样，潜在的债券持有者可以在二级市场上自由购买债券并拥有其债权。如果变现速度很快，且没有遭受损失，那么这种债券的流通性就比较强；反之，债券的流通性就较低。一般而言，债券的流通性愈强，其变现性愈强，风险愈低，买卖差价愈小，交易愈活跃；反之亦然。

综上所述，债务和债券的区别比较清晰，债务的内涵较大，它包含了所有债务人和债权人之间的资金往来关系，但债券属于债务的一个部分，仅指具有流通性的债务凭证。

2. 地方政府债券的基本内涵

政府债券是政府以信用方式发行的债务凭证。按照债务主体分类，包括中央政府债券（简称国债券或国库券）和地方政府债券。地方政府债券指地方政府发行的可以在债券交易市场流通的债务债权凭证。从各国实践看，除中央以外的政府部门及其所属机构所发行的债券都可以称为地方政府债券。在美国，一般将联邦政府（包括联邦政府财政部及其所属机构）以外的政府及其机构所发行的债券统称为"市政债券"（Municipal Bond），包括由州政府或其代理机构，县、市、镇、学区、

特区①或其他行政区政府及其分支机构发行的债券。日本地方政府债券协会将地方政府债券定义为地方公共机构为承担筹资义务发行的还款期限超过一个会计年度的公共债务凭证，包括都道府县和市町村发行的债券；对照中国的情况，地方政府债券指由省、市、县和乡政府及其附属机构所发行的债券。

地方政府债券具有双重范畴。一方面它隶属金融范畴，作为资金融通方式具有债券的一切共性；另一方面它归于公共财政范畴，具有公共经济属性，主要指地方政府筹集资金用以满足当地居民的公共需要，并赖以促进地方经济社会发展。很多国家把地方政府债券收入列为地方财政收入，以调剂地方财政资金余缺、支持地方基础设施和公共事业发展。

（二）地方政府债券的分类

地方政府债券属于一般性范畴，它的界定会因具体的体制制度环境不同而异，它的分类相对不同类型的社会经济系统差异悬殊。本书对美、日和中国地方政府债券的分类进行归纳，并明确中国地方政府债券的概念。

1. 美国市政债券的分类

美国市政债券类别多元复杂，很难按照统一标准加以区分，但可以从不同层面对其进行划分，具体如表1－3所示。

表1－3　美国市政债券的分类及含义

分类特征	类别	含　义
期限长短	短期债券	到期低于13个月的债券（即票据）
	长期债券	到期13个月及以上的债券

---

①　学区是美国教育系统的行政管理支柱，是州在公办教育方面协调和地方政府之间关系的基本方式。特区是州下面所设立的另一种行政组织。特区的设置，往往是为了协调解决一些县市政府本身无法解决的问题，如建立有关固体废物处理、公共交通、消防等事务的特区。特区的发展基于两个原因。一是由于州宪法限制地方债，有时建立特区是为了便于发行债券，以资助大型基本建设项目。二是因为有些问题涉及到几个地方政府，设立特区是为了应对特定的、跨管辖区的问题。

（续）

分类特征	类别	含 义
税收属性	免税债券	不必向联邦、州政府或者地方政府支付利息税的债券。以十足信用保证（Full Faith and Credit）或发行主体的预期税收收入担保，其利息收入不但免缴联邦所得税还免缴证券发行所在地的税收
	应税债券	不享受免税待遇的非公共用途债券①
偿还资金来源	一般债务债券	在法律上严格承诺可以使用它的所有收入偿还债务的债券。偿还来源为税收和借款收入，主要是为公共事业筹资，这些公共事业能给本地公众带来重大公共收益，很难通过收费来筹资，如治安司法、火灾消防、学校、医院、运河或下水道系统。属于担保债券
	收益债券	常被政府用于可以产生预期收益的项目，债务偿还依靠项目的收益现金流。这类债券没有法律承诺担保，属于无担保债券
债券收入用途②	教育债券	用于教育领域，促进教育发展的市政债券
	普通用途债券	排除专门用途以外的市政债券

2. 日本地方政府债券的分类

日本地方政府债券市场尚不成熟，地方债分类相对简单得多，主要从发行主体和债券收入用途两个层次上进行分类，如表1-4所示。

表1-4 日本地方政府债券的主要分类

分类特征	类别	含 义
发行主体	公募债券	一般面向金融机构和政府基金部门发行，针对居民投资者的类型非常有限
	共同发行市场公募地方债	指由多个地方共同体联合发行债券，并共同承担债券本息偿还

① 公共用途和非公共用途债券的界定取决于市政债券收入中用于非公共活动的百分比。如果一个免税的公共用途债券，其发行收入的10%以上用于非公共用途活动或者5%（或500万美元）以上用于非公共用途贷款，它将变成非公共用途债券而不再免税。

② 在美国市政债券统计数据中，按照债券收入用途一般划分为教育债券、运输债券、公用事业及保护债券、产业援助债券及其他目的债券等。有的统计数据中将市政债券划分为发展债券、教育债券、电力债券、环境设施债券、卫生保健债券、住房债券、公共设施债券、公用事业债券和普通用途债券等九类。这两种分类在美国的文献和统计数据中用得比较多。从近年来的统计数据看，发行量最高的债券主要为普通用途债券和教育债券。

（续）

分类特征	类别	含　义
发行主体	居民参与型市场公募债券	发行对象包括都道府县、市町村、官方指定的半自治地级市等的企业和个人
	私募债券	私募债券不公开发行，且不流通。在总务省拟定的地方政府债券计划中注册过
债券收入用途	一般预算债券	一般预算债券由地方公共团体或地方政府机构发行，它是日本地方政府债券制度的主体。资金主要投向公用基础设施，如地方道路建设和地区开发、义务教育福利设施建设、公营住宅建设、边远地区人口过疏复兴建设、购置公共用地及其他公益事业
	地方公营企业债券	地方公营企业债券是由地方政府直接管理的公营企业发行，且由地方政府担保，资金的使用相对集中，主要为社会和公众福利服务，为本地居民和社区发展提供必不可少的基础设施和服务，包括下水道、自来水、电力煤气、港口扩充、医院、养老院、地区开发、公营企业退休补贴和交通设施项目等领域

资料来源：日本地方政府债券协会。

资料显示，地方公营企业债券主要投向民生领域，在提高当地居民生活水平方面发挥了极其重要的作用。譬如当地99.3％人口的水供应服务、90.7％人口的污水处理服务、13.1％的铁路运输服务、23.4％的公路运输服务，以及14.1％的医疗床位均由地方公营企业提供[①]。

3. 中国地方政府债券的分类

（1）一般债券和专项债券。按偿还资金来源，中国地方政府债券划分为一般债券和专项债券。

一般债券指省、自治区、直辖市政府（含经省级政府批准自办债券发行的计划单列市政府）为没有收益的公益性项目发行的、约定一定期限内主要以一般公共预算收入还本付息的政府债券。一般债券资金收支

[①]　［日］Ministry of Internal Affairs and Communications：《White Paper on Local Public Finance》，p23，2008。

列入一般公共预算管理。可发行期限有 1 年、3 年、5 年、7 年和 10 年。根据财库〔2018〕61 号文，地方政府公开发行的一般债券新增 2 年、15 年、20 年期限。

专项债券是指，为有一定收益的公益性项目发行的、约定一定期限内以公益性项目对应的政府性基金或专项收入还本付息的政府债券。如，土地储备专项债券、收费公路专项债券等。专项债券资金纳入政府性基金预算管理。可发行期限有 1 年、2 年、3 年、5 年、7 年和 10 年。根据财库〔2018〕61 号文，公开发行的地方政府普通专项债券新增 15 年、20 年期限。

2017 年 5 月以来，财政部通过颁布财预〔2017〕62 号、财预〔2017〕89 号、财预〔2017〕97 号等文件来指导地方政府按照政府性基金收入项目分类发行项目收益专项债，截至目前市场上已发行的项目收益专项债品种有土地储备专项债、收费公路专项债、轨道交通专项债、棚改专项债等。

近几年，中国地方政府公开发行的一般债券和专项债券发行额如表 1-5 所示。

表 1-5　2015—2020 年中国一般债券和专项债券的公开发行额（亿元）

年份	2015	2016	2017	2018	2019	2020
一般债券	28 606.9	35 495.16	23 619	22 192	17 742.02	5 065
专项债券	9 743.7	25 118.56	19 962	19 460	25 882.25	11 040
总计	38 350.6	60 613.72	43 581	41 652	43 624.27	16 105

注：①资料来源财政部；②2015 年、2016 年数据分别为一般债务发行额、专项债务发行额；③2015 年数据分别来自财政部《2015 年和 2016 年地方政府一般债务余额情况表》《2015 年和 2016 年地方政府专项债务余额情况表》；④2016 年数据分别来自财政部《2016 年地方政府一般债务余额决算表》《2016 年地方政府专项债务余额决算表》；⑤2020 年数据截至 2020 年 3 月。

（2）新增债券、置换债券和再融资债券。按资金用途，地方政府债券可划分为新增债券、置换债券和再融资债券（用于偿还部分到期地方政府债券本金）。

新增债券的资金用途主要是资本支出，且资金支出周期较长，其年发行规模不得超过财政部下达的地区新增债务限额。2018年新增债券的发行规模上限为2.18万亿元（一般债8 300亿元，专项债13 500亿元）。新增债券发行限额主要受政府债务负担率及资金需求等因素的影响。政府债务负担率越高、资金需求越少的地区，新增债券发行限额越小；反之亦然。

置换债券是指按照2015年实施的新预算法规定，符合规定的地方存量隐性债务（包括银行贷款、融资平台等非债券方式举借的存量债务）需要通过发行地方政府债券进行置换，为置换地方政府存量债务而发行的地方政府债券。2015年我国正式启动地方债置换工作，置换债券有效解决了地方政府债务的期限错配和融资成本高企等问题。

再融资债券是为地方政府无力偿还到期地方政府债券本金而发行新债进行债券延期。它以"借新债还旧债"的方式缓解地方政府偿债压力。再融资债券由财政部发布的《关于做好2018年地方政府债券发行工作的意见》（财库〔2018〕61号）提出，在《2018年4月地方政府债券发行和债务余额情况》中首次披露。

近几年，中国地方政府新增债券、置换债券、再融资债券的发行额如表1-6所示。观察发现，地方政府债券的年发行额基本上保持稳定，不存在大幅度波动的现象，且以新增债券为主，置换债券①数额具有逐年递减的趋势。置换债券具有暂时性和历史阶段性，随着地方政府存量债务置换数额的累积性增加，其边际置换量会逐年减少，完全消失后，地方债务置换工作才得以完成。此后，新发行地方政府债券类型将是新增债券和再融资债券。

---

① 《地方政府性债务风险应急处置预案》（国办函〔2016〕88号）规定，对非政府债券形式的存量政府债务，债务人为地方政府及其部门的，必须置换成政府债券，地方政府承担偿还责任。

表 1-6 2017—2020 年新增债券、置换债券、再融资债券发行额（亿元）

	2017	2018	2019	2020*
新增债券	15 898	21 705	30 562.70	15 424
置换债券	27 683	19 947	1 579.23	—
再融资债券	—		11 482.34	681**
总计	43 581	41 652	43 624.27	16 105

注：①资料来源国财政部；②*表示 2020 年数据截至 2020 年 3 月；③**包括再融资专项债券约 211 亿元，再融资一般债券约 470 亿元。

第二章　当代中国地方政府债务的
发展及监管制度变迁

改革开放后，作为平衡财政收支的有效工具之一，地方政府债务的发展经历了一个曲折过程。中国地方政府债务的内涵和特征如何，实践中有哪些表现形式？这些具体形式的逻辑成因是什么？中国地方政府债务监管制度经历了怎样的演变过程？发达国家如美国和日本的地方政府债券发行及偿还制度如何？对这些问题的梳理有利于比较全面地认识中国地方政府债务。

第一节　中国地方政府债务的发展变迁

改革开放以来，地方政府债务的最初表现形式是 1992 年上海市发行的浦东建设债券，是中国市政债券的早期代表。随后，地方政府陆续启动城投债的发行，成为地方政府债务的主要形式。随着地方政府债务管理的日益规范，实践中地方政府债务形式不断创新，主要包括城投债、国债转贷、银行贷款、委托贷款、资金信托贷款、融资租赁、代发地方政府债券、自发代还债券和自发自还债券等。

一、中国地方政府债务的基本内涵及特征

发达国家的投融资体制比较健全，地方政府具有发行债券的权限，因此，地方政府债券是发达国家地方政府债务的主要形式。中华人民共和国成立以来，随着经济社会发展和政府职能转变，我国投融资体制改革经历了一个简政放权和不断市场化的过程，在这个过程中，地方政府

在很长一段历史时期没有自主发债权限，为弥补地方财政缺口，绕过《预算法》规制，地方政府以各种办法寻求收不抵支和法律制度之间的平衡。因此，我国地方政府债务的具体形式复杂多变。

（一）地方政府债务的基本内涵

从本质上看，凡是地方政府负有偿还义务的债务，均属于地方政府债务范畴。地方政府偿还义务的认定主要依据地方政府职能，地方政府职能随着社会经济发展而不断扩大。西方国家地方政府职能从最初的"守夜人"扩展到基础设施、社会福利等公共事业和公共服务。中国地方政府职能从新中国成立初期的"无所不包"到改革开放后的"简政"，再到城市化快速发展时期的基础设施建设和公益事业提供，直至目前的环境保护、扩大内需调控经济等。相应地，地方政府需要巨大的财政支出来适应职能的变化，在地方政府财力受限的条件下，地方政府债务应运而生。2016 年 11 月，国务院办公厅印发《地方政府性债务风险应急处置预案》（以下简称《预案》），《预案》明确指出地方政府性债务包括地方政府债券和非政府债券形式的存量政府债务，以及清理甄别认定的存量或有债务。从地方政府债务形式来看，主要包括国债转贷、银行贷款、委托贷款、资金信托贷款、融资租赁、城投债、代发代还地方政府债券、自发代还债券和自发自还债券等。

（二）地方政府债务的特征

1. 地方政府不一定是地方政府债务的偿债主体

从债务债权关系看，地方政府债务的偿债主体直接为地方政府，但如果地方政府因财力限制，不能偿还债务，中央政府出于"父爱主义"最终承担债务偿还责任。无论地方政府还是中央政府偿还债务，偿债来源一般是税收收入，因此，最终负担地方政府债务的负担主体是纳税人。

2. 地方政府债务不一定都是显性的，有一部分地方政府债务具有隐蔽性

在地方政府债务中，有一部分债务不在地方政府限额和预算管理计划内，也不以地方债形式存在，但地方政府可能需要承担偿还责任。譬如城投平台、机关事业单位、产业引导基金及 PPP 项目公司等主体举债融资提供隐性担保的债务，或者为建设公益性或准公益性项目举债，直接纳入财政预算支出范畴，由财政资金偿还的债务。这部分债务如果直接偿债主体无法偿还，或者出现了大规模违约事件，造成连锁反应，导致不良的社会影响，地方政府可能被迫代为偿还。

3. 地方政府债务的形式经历了一个从简单到复杂再到简单的过程

随着经济社会发展和投融资体制改革的逐步深化，地方政府债务形式从单一的城投债、银行贷款，发展到债务、债券、贷款等多种形式，最后回归到规范的地方政府债券形式。在 2014 年末财政部对地方债务进行清理甄别之前，地方政府债务的 90% 通过非政府债券方式举借，2018 年债务置换完成后，城投公司承担的地方债全部纳入财政预算，城投公司退出融资平台。

二、城投债的发展历程

为地方经济和社会发展筹集资金，地方政府投融资平台公司①发行的企业债券，包括中期票据（MTN）、短期融资券（CP）、超级短期融资券（SCP）、非公开定向融资工具（PPN）、资产支持票据（ABN）等属于带有公益性质的债务类融资工具都属于城投债。城投债是地方政府债务的早期代表，随后很长一段时期为地方政府融资发挥了极其重要的作用。同时，由于城投债的不规范性，有必要梳理其发展脉络，推演其存在的逻辑。

（一）起步阶段（1993—2004 年）

1992 年，中国第一家国家级新区浦东新区在上海黄浦江畔设立，与此同时，上海市城市建设投资开发总公司（简称上海开发）在浦东新

---

① 政府投融资平台公司指由地方政府及其部门和机构等通过财政拨款或注入土地、股权等资产，从事政府指定或委托的公益性或准公益性项目的融资、投资、建设和运营，拥有独立法人资格的经济实体。

区成立,成为第一家城投公司,主要从事城市基础设施投资、建设和运营工作。上海开发受市政府委托于 1993 年 4 月发行了首期 5 亿元浦东建设债券,加上其他筹资方式,如城建收费、贷款、利用外资等,上海开发 1993 年共筹资 73.9 亿元,约占当年财政收入的三成,有效地缓解了浦东新区建设资金压力。浦东新区开发以后,中央给予上海连续 10 年每年发行 5 亿元浦东建设债券的优惠政策。1994 年《预算法》出台,要求地方政府不列赤字,禁止地方政府举债。同年,税制改革进行,分税制开始实施,地方政府财权事权不对称非常严重,入不敷出,举债冲动强烈。浦东建设债券成功发行后,其他城市纷纷仿效,城投公司在全国各地陆续成立。2005 年以前,我国城投债基本为中央企业债,举债主体集中于直辖市和大型省会城市,发行量非常有限。1993 年至 2004 年,我国共发行城投债约 150 亿元。

(二)快速发展阶段(2005—2008 年)

2005 年后,地方企业债的启动使城投债发展步伐明显加快。上海开发于 2005 年 7 月率先发行了总额 30 亿元的地方企业债,此后城投债全部被纳入地方企业债范畴。企业债发行政策的调整降低了债券发行门槛,推动城投债发行数量和规模快速增长。城投债成为企业债的重要品种。2008 年,城投债增量发行 961 亿元,同年末,我国累计发行城投债金额 2 733.2 亿元,如表 2-1 所示。发行主体从原来的以直辖市和大型省会城市为主向地级市和县级市融资平台倾斜,主体信用评级逐渐多元化,期限结构也更为丰富。

在这几年的快速发展中,城投债的品种结构日趋多元化。最初城投债品种只有单一的企业债券。2005 年 8 月,广东交通集团有限公司首次发行城投债第一支短期融资券,发行额为 30 亿元人民币。随后,江苏交通控股有限公司等纷纷跟进,至 2005 年末共发行了 14 支短期融资券。2006—2008 年短期融资券发行量大增,在当年城投债中的比重超过了企业债券比重。中期票据的发行始于 2008 年,上海市城市建设投资开发总公司首发 5 年期限中期票据,此后,北京、广东等省份跟随密集发行。由于中期票据的发行采取备案制，便利性和灵活性较大，近年来其发行量快速增长，超过了短期融资券的发行量。

表 2-1　1993—2012 年中国城投债发行额度及环比增长率

	1993	2003	2004	2005	2006	2007	2008	2009	2010	2011	2012
发行额度（亿元）	5	83	62	401	451	770.2	961	3 060	2 806	2 852.5	4 967.9
环比增长率（%）	—	—	−25.3	546.8	12.5	70.8	24.8	218.4	−8.3	1.7	74.2

资料来源：①1993—2010 年数据系根据 WIND 资讯原始数据整理而得；②2011—2012 年数据系根据中诚信数据服务平台原始数据整理而得。

（三）跨越发展阶段（2009—2013 年）

进入 2009 年，我国实施积极财政政策，扩大投资规模，尤其是"四万亿"投资计划，刺激了地方政府加大基础设施投资，城投债出现跨越式增长。2009 年 3 月，人民银行联合银监会发布《关于进一步加强信贷结构调整　促进国民经济平稳较快发展的指导意见》的文件，提出"支持有条件的地方政府组建投融资平台，发行企业债、中期票据等融资工具"。重新启动发行的中期票据也成为城投债发展的新亮点。

（四）转型发展阶段（2014—2015 年）

由于公益性项目和非公益性项目不分，同时地方政府通过各种形式给城投公司提供融资担保，在预算软约束下，城投债务越滚越多，蕴藏的地方政府债务风险越来越大，为管控地方政府债务风险，《预算法》（第一次修正）构建了地方政府举债行为规范的制度框架，允许地方政府通过发债筹集资金，赋予其合法举债主体地位。2014 年 9 月，43 号文公布，明确政府债务的融资主体仅为政府及其部门，明确地方政府债券是地方政府唯一融资渠道，在国务院确定并经全国人大批准的额度内，地方政府可以发行债券，并纳入预算管理。城投公司的存量债务及地方政府负有偿还责任的债务，可以发行地方政府债券置换。允许地方政府引入 PPP 模式，吸引社会资本参与公共项目投资。同时剥离融资平台公司的政府融资功能。43 号文主要是规范后期地方政府债券的融资范围，提高了城投债国内融资风险，2014 年城投平台开始在海外发债①。同年 10 月，下发《地方政府存量债务纳入预算管理清理甄别办法》（简称 351 号文），专门针对存量债务甄别，明确指出甄别以审计口径为标准。根据 351 号文规定，存量债务划分为两部分，分别为 2013 年 6 月 30 日前发生的债务和 2013 年 6 月 30 日以后至 2014 年底发生的债务，2015 年起发行的城投债不再纳入地方政府债务。2015 年 3 月，财政部向地方下达 1 万亿元地方政府债券额度置换存量债务②。同年 8 月全国人大常委会批准的地方政府债务置换限额共 15.4 万亿元，其中 1.06 万亿元属于地方政府债券，其余都是通过银行贷款、融资平台等非债券方式举措的存量债务，需要进行置换。但这一时期，由于经济稳定增长压力的加剧，地方政府发债条件有所放松，频繁突破 43 号文规则提供违规担保，利用城投公司融资平台大力扩张地方政府债务。在政策鼓励扶持下，投向保障性住房等民生领域的城投债规模开始快速增长，带动城投债发行规模迎来新的增长，2016 年城投债发行额度达到高峰，见表 2-2。

表 2-2　2013—2018 年中国城投债发行额度及发行数量

	2013	2014	2015	2016	2017	2018
发行额度（亿元）	9 679	18 803	16 323	25 000	19 800	20 016.02
发行数量（支）	—	1 839	1 671	—	—	—

数据来源：wind 数据库。

（五）置换退出阶段（2016 年至今）

宽松的发债环境下地方政府债务结构更加复杂，隐藏的风险更加高企。为使地方政府债务规模更为透明，且易于防范风险，2015 年我国正式启动地方债置换工作。2016 年第四季度后，在经济稳增长效果显

---

① 据统计，2014 年、2015 年、2016 年城投债海外发行额度分别为 24 亿美元、69 亿美元和 116.4 亿美元。

② 置换范围是 2013 年政府性债务审计确定截至 2013 年 6 月 30 日的地方政府负有偿还责任的存量债务中 2015 年到期需要偿还的部分。

现的背景下，政府采取的政策以防范和严格监控地方政府债务风险为重点，同年末国家出台国务院办公厅《关于印发地方政府性债务风险应急处置预案的通知》（简称 88 号文）提出在规定期限内将城投债中的存量地方政府债务必须分类置换成政府债券，指出"对非政府债券形式的存量政府债务，债务人为地方政府及其部门的，必须置换成政府债券，地方政府承担偿还责任"，若不同意在规定期限内置换，则由原债务人依法承担偿债责任，对应的债务限额由中央统一收回，此后，城投债置换发生频率明显加快。数据显示，截至 2019 年 1 月末，十多万亿非政府债券形式地方政府债务被置换，余额 3 151 亿元。2019 年的政府工作报告特别强调，继续发行一定量的地方政府置换债券，减轻地方利息负担。根据财政部统计数据，同年，地方政府发行置换债券 1 579 亿元，非政府债券形式的地方政府债务余额已被消化掉一大半。

第二节　中国地方政府债券形式的演变及其逻辑起因

国外特别是经济发达国家的地方政府债券制度已趋于成熟，并发展为财政制度框架内的重要组成部分。而在中国，由于历史和制度因素约束，地方政府债券制度尚在完善中，规范框架内的地方政府债券制度刚生成不久，但从地方政府债券的功能视角分析，实质意义上的地方政府债券已经存续了相当长一段时期。它在推动中国地方经济社会发展，深化内需结构调整，推动地方供给侧结构性改革，特别是在地方基础设施和公共事业发展方面功不可没。

一、中国地方政府债券形式的演变

2014 年《预算法》（第一次修正）允许地方政府有限度举债，至今虽然只有 7 个年头，但实际上，中国地方政府很早就以变通方式发行债券筹集资金用于地方公用设施、公用事业建设。由于资金用于公共事业或公共服务，这类债券名义上不在正式制度框架内运行，不具有规范意义上的地方政府债券称谓，本质上发挥着地方政府债券作用，承担着为地方政府纾资解困的职能，可以归结为准地方政府债券。从历史时期看，1993 年以来城投公司发行的"企业债券"，虽然未明确"地方政府债券"身份，但实质上是为地方政府城市建设募集资金，属于地方政府债券范畴，包括 2009 年以来国务院代理发行的地方政府债券。

中国地方政府性债券先后以"城投债"、代发代还债券、自发代还债券和自发自还债券①四种形态存在。

（一）地方政府债券的四种形式

1. 城投债

所谓城投债，指地方政府为规避正式法律制度的约束，通过由一种曲线方式间接获得发债资格并向社会发行的债券。一般通过专业投资公司、城市建设投资公司，或信托投资公司等地方投融资平台发行，"介于企业债券和地方政府债券之间"，具有两者的共有特征。这类地方政府债券名义上为企业债券，实质上用于市政建设和公共产品或服务的提供，取其有实无名的特性，称为"城投债"。

金融危机后，为破解地方政府融资难题，绕过法律制度禁区地方政府债券先后采取过三种模式，即"代发代还""自发代还"和"自发自还"。

2. "代发代还"债券

2009 年财政部印发《2009 年地方政府债券预算管理办法》，指出："地方政府债券，是指经国务院批准同意，以省、自治区、直辖市和计划单列市政府为发行和偿还主体，由财政部代理发行并代办还本付息和支付发行费的 2009 年地方政府债券"，"代发代还"债券的历史由此开启。全部由财政部通过国债渠道代理发行，并代办还本付息，发行额度

---

① 指始于 2009 年由财政部代理发行的地方政府债券，万得（WIND）资讯冠以"地方政府债"之称。

由全国人大批准，冠以"××地方政府（代发）"之名，2009—2011年地方政府债券的年批准额度均是2 000亿元人民币。在银行间市场流通。代发代还债券发行主体虽然是财政部，究其实质乃为支持地方政府市政建设和公用事业发展，名义上不在地方政府债券制度规范框架内运行，本质上履行地方政府债券职能。

3. "自发代还"债券

2011年后，经国务院批准财政部实施了地方政府自行发债试点模式。自行发债指发债规模、发债项目、发债用途和债务偿还由地方政府自主，但发债额度须经国务院批准，财政部代办还本付息。当年10月财政部印发《2011年地方政府自行发债试点办法》，启动了上海、浙江、广东、深圳四省（市）等地地方政府自发代还试点。"自发代还"债券是对发行模式尝试进行的第一次改革，开始放开地方政府的自主发行，并实行年度发行额管理，试点省（市）可发行3年和5年期债券。2013年起，增加了江苏、山东两个"自发代还"试点地区，适度延长了发债期限（增加7年期限债），并增加了发债规模，2012年、2013年地方政府债券的批准额度分别为2 500亿元、3 500亿元人民币。

4. "自发自还"债券

2014年试点地方政府债券自发自还向市场化方向迈出了关键一步，由试点地区自行偿还债务。同年财政部印发《2014年地方政府债券自发自还试点办法》，继续推进地方政府债券改革。与原有模式相比，新模式实现了多方面的突破：首先，地方政府债券首次以地方政府信用资质为基础，由地方政府自主发行和偿还；其次，地方政府债券期限由以前的3年、5年、7年拉长至5年、7年和10年；最后，本轮试点首次要求地方政府债券要进行信用评级，并要公开披露发债主体的经济、财政状况，以及债务数据。此次改革之后，地方政府债券市场完成了"代发代还"向"自发自还"的试点转变。

"自发自还"模式在上海、浙江、广东、深圳、江苏、山东、北京、江西、宁夏、青岛 10 个地区试行，防范债务风险挑战更大，信用评级制度和信息披露制度在试点地区随之推行。试点"自发自还"模式是落实国务院关于 2014 年深化经济体制改革重点任务"建立以政府债券为主体的地方政府举债融资机制"的重要内容，有利于消除偿债主体不清晰问题，可以进一步强化市场约束，控制和化解地方债务风险，探索建立地方债券市场并推动其健康发展。

地方政府债券形式的发展演变，如表 2－3 所示。

表 2－3　地方政府债券形式的演变

	城投债	代发代还债	自发代还债	自发自还债
政策文件	《关于进一步加强信贷结构调整　促进国民经济平稳较快发展的指导意见》（银发〔2009〕92 号）	《2009 年地方政府债券预算管理办法》（财预〔2009〕21 号）	《2011 年地方政府自行发债试点办法》（财库〔2011〕141 号）	《2014 年地方政府债券自发自还试点办法》（财库〔2014〕57 号）
发行主体	各地城投公司	省、自治区、直辖市和计划单列市政府	上海、浙江、广东、深圳四省（市）地方政府，2013 年增列江苏、山东地方政府	上海、浙江、广东、深圳、江苏、山东、北京、江西、宁夏、青岛等地方政府
发行期限		3 年、5 年	3 年、5 年，2013 年增加 7 年期品种	5 年、7 年、10 年，后增加 1 年、3 年期品种
债券评级	无	无	无	按规定开展信用评级
发行事宜组织	各地城投公司	财政部代理发行	试点地政府组织	试点地政府组织
还本付息主体		财政部代办还本付息	财政部代办还本付息	试点地自行还本付息

（二）国债转贷不属于地方政府债券范畴

国债转贷政策主要为解决分税制下地方政府财政收入不足问题。转贷国债资金不列入中央赤字，中央预算和地方预算均不反映，只列示在往来科目中。1998—2004 年，中央政府实施积极财政政策，代替地方政府发行债券并转贷给地方省级人民政府，用于地方经济社会发展和国家支持的重点项目建设。如 1998 年中央财政发行的 1 000 亿元专项国债资金中有 500 亿元转贷给地方，期限 3～5 年，利率 4％～5％；1999年中央财政又安排 300 亿元转贷给地方。其实这也就是中央政府替地方政府发行债券。从投资者角度看，这种转贷资金来源于国债，享有与国债相同的收益率和免税待遇；从资金用途和偿还看，发行人是中央政府，但资金的使用权转让给地方政府，债务的承担者是地方政府，因此本质上属于地方政府债务；从操作流程看，财政部通过国债渠道筹集资金，并根据地方需要分配资金额度，然后通过商业银行以稍高于国债利率的利率转贷给地方政府；在契约关系层面，转贷国债专项属于财政资金，与银行信贷资金具有本质不同，债权人债务人间是政策性借贷关系；从利益关系视角分析，中央与地方的国债转贷关系具有行政利益和经济利益双重属性：一方面中央按照地方财政能力和需要配给转贷资金额度，另一方面，地方要按照规定将债务本息偿还到中央政府指定账户。

从国债转贷的性质看，它不属于地方政府债券范畴。国债转贷具有三个主要特征：第一，约束软化。1994 年分税制改革后，中央财政收入份额的增加有利于宏观经济调控，但地方政府收入在应付繁多支出事项时捉襟见肘。在地方支出项目中，有些项目是上级委派的，地方政府必须按照上级政府意图行事；有些新增支出项目没有相应的财政来源。国债转贷资金是缓解地方财力窘况的权宜之计，但地方政府财权与事权的不对等性成为地方政府无偿使用或抵赖国债转贷资金的充足事由，这无形中强化了地方政府的机会主义心理。同时，中央政府在"父爱心理"驱使下纵容地方政府的机会主义，致使国债转贷呈现出显著的软约束特性。第二，政策性。中国的国债转贷政策是特殊财政制度条件下弥补地方资金不足并配合中央积极财政政策扩大内需的产物，政策的可变性使得国债转贷具有临时性和应急性特征，而不具有相对稳定性的制度属性。国债转贷政策存在于某一特定的历史阶段，分税制之前它不存在，后来已被取消并由相对规范的代发债制度替代。由于政策弹性强，运作空间大，地方政府具有较强谈判地位，会寻求机会将国债转贷资金游说为上级政府的拨款资金，不可能具有稳定的制度性特征，也不可能成为地方政府纾资解困的惯用工具。第三，非流动性。一般类型的债券[①]都可以在交易市场上流通变现。国债转贷不具备流通性，它借助国债市场筹资，最终体现为以商业银行为中介的特殊借贷关系。其资金来源于国债市场上千千万万的投资者、各种类型的投资机构，其资金偿还收入为地方项目收益或税收，但作为债务人的地方政府只与直接债权人中央政府发生关系。由于国债转贷的相对人双方是固定的，分别为中央政府和地方政府，其债务债权凭证不能在债券市场上转让流通。

二、中国地方政府债券的特征

中国地方政府债券主要具备以下五方面的特征：

（一）从非规范化演变到规范化

按照新制度经济学的解释，制度范畴不仅包括由代理人设计并强加给社会的法律法规等外在制度，也包含"通过渐进式反馈和调整的演化过程"发展起来的诸如习惯、伦理规范、良好礼貌和商业习俗等内在制度。即，广义的制度可以分为内在制度和外在制度两种类型。实践上，2014年新《预算法》实施之前，长期存在的地方政府债券所赖以运行的一系列规则形成其特有的制度，但这种制度范畴属于广义语境下的概念，不具有规范性。由于当时的法律制度禁止地方政府发债，因此当时发行的地方政府债券不在正式制度内。其次，当时地方政府债券不具内在制度的含义。虽然地方政府在法律限制内采取曲折隐晦的方式发债筹资满足对方投资建设需求，但代发债"只不过是配合积极财政政策的应急性措施，而非制度性安排"，城投债仅仅是中国宏观"经济环境和制

---

① 例如，美国的储蓄债券只能向政府买卖不能在债券市场自由流通。

度框架下的过渡性金融产品"，不具有长期性和稳定性。一般地，多数内在制度的"特有内容都将渐进地循着一条稳定的路径演变"。地方政府债券在形式上具有的暂时性和过渡性特征不足以赋予其内在制度含义。因此，实践中长期存在的地方政府债券，不论其具体形态如何，均具有典型的非规范化属性。但是 2014 年新《预算法》实施后，地方政府在一定限度内被赋予发债权限，从而在制度层面具有规范意义。

（二）起债的非市场性

一般地，行政干预手段在计划经济体制下比较常见，市场经济体制完善的国家或地区主要依赖法律制度调节债券市场。地方政府债券受上级政府控制较多，具有浓厚的行政干预色彩。"城投债"之所以能够以"企业债券"之名行"地方政府债券"之实，基本上是政府安排的结果，虽然缺乏正式的法律法规支持，实际上已获得上级政府的默许或推动。譬如，为应对 2008 年金融危机中央政府 2009 年推出 4 万亿元人民币的经济刺激计划，同年 3 月，中国人民银行会同中国银监会发布《关于进一步加强信贷结构调整　促进国民经济平稳较快发展的指导意见》，支持地方政府设立投融资平台，通过发行企业债券、中期票据等方式筹集配套资金。再如，2009 年财政部代发地方政府债券，其主要考量因素不是市场化指标，而是地方政府对配套资金的需求。政府在有意无意中将地方政府债券作为政策性工具而非市场化的常态筹资手段，具有显著的行政干预特征。

（三）发债主体的非单一性

现行法律制度框架内，地方政府未被赋予地方债券发行权限，不可能成为制度内的发行主体。为使资金筹措合法化，唯一的方法是借助"外壳"发行债券，因此外壳公司是地方政府债券的真正发行主体。"城投债"的外壳是地方政府组建的融资平台公司，如城投公司、城建资产经营公司、城建开发公司或信托公司；代发地方政府债券的外壳为财政部。

（四）发行管理制度的非统一性

地方政府债券的运行遵循其所依附"外壳"的债券管理制度。"城

投债"发行和管理遵照《公司法》和《债券法》等企业债券发行和管理
的法定程序，并由授权机关（由国家发改委报国务院）审核批准。由于
城投债项目具有非营利性、投资期长、投资额巨大等特殊性，用企业债
券管理法规来监管城投债的合理性不足。代发地方政府债券的发行和管
理制度基本上遵照国债管理的相关制度，而国债与代发地方政府债券的
信用等级存在显著差异，显然此两者也不适用同样的管理法规。因此，
地方政府债券管理存在着矛盾，本应适用于同一法律制度的城投债券和
代发地方债券分别受不同法律制度框架的规约。

（五）发行价格的非真实性

一般地，发行价格主要由发行主体的资信决定。地方政府债券价格
主要取决于真实发行主体的资信水平。"城投债"的发行主体为地方政
府的下属企业，其资信水平低于地方政府，直接反映在债券定价上，表
现为发行利率偏高。代发地方债恰相反，其资信与中央政府信用相当，
发行利率基本上依照国债利率，低于市场实际利率水平。譬如，2013
年上海债第一期固定利息地方债中标利率为 3.94%，与银行间同期限
国债收益率 3.96% 倒挂，而同期限的银行定期存款利率为 4.75%。形
态各异、属性不同的地方政府债券发行溢价悬殊，偏离了地方政府债券
的真实价格，不利于地方债市场的健康发展。

三、中国地方政府债券形式演变的逻辑起因

中国地方政府债券形式多元，探究其逻辑起因有利于深刻透视地方
政府债务规模扩张的内在动因。

（一）法律规制的产物

中国相关法律禁止地方政府发债，促使地方政府寻求其他替代途
径。由于地方政府存在巨大的募集建设资金的需求，特别是在城市化过
程上升阶段，农村大量剩余劳动力流向城市，对城市基础设施和公用事
业需求激增。在地方政府财力有限的条件下，为平衡财政收支，通过变
通的方式绕过法律规制间接解决地方政府资金缺口问题。地方政府为履

行基础设施建设与管理职能而转由城投公司发行的"城投债"应运而生。这一时期，地方政府成立了许多城市建设投资公司（简称城投公司）①。同时，中央政府自 2009 年开始安排代发地方政府债券（简称代发债），由财政部负责代理发行并提供信用担保。

（二）社会经济发展的必然要求

遍观西方的城市化发展史，无不存在超大规模密集资本的投资用于城市发展建设的过程。中国在后工业化和城市化发展的加速期，城市发展需要大量基础设施建设。这些基础设施项目随着经济发展水平的提高而快速增加，涵盖的范围不断扩展，主要包括铁路、城市停车场、轨道交通等交通基础设施，城乡天然气管网、电网和储气设施等能源项目，城镇污水垃圾处理和农林水利等生态环保项目，教育和托幼、养老医疗等民生服务，冷链物流基础设施建设、水电气热等市政和产业园区等基础设施。受限于地方经济发展的地方政府财政收入入不敷出，需要通过各种融资渠道解决财政收支缺口，地方政府债券则是一种合理的筹资方式。

---

① 实际上，城投公司是各大城市的政府投融资平台，属于事业单位或国有独资性质，具有非营利性特征，发源于 1992 年。当时国务院实施的政府投融资体制改革进一步深化，提出地方要加强基础设施建设，但地方政府不再直接负责基础设施建设，基础设施建设要进行公司化运营。浦东建设债券是我国市政债券的早期代表，20 世纪 90 年代初浦东开发开放以后，中央给予上海连续 10 年每年发行 5 亿元浦东建设债券的优惠政策。1992 年，上海率先成立城市建设投资总公司，受市政府委托于 1992 年 4 月发行了首期 5 亿元浦东建设债券，重庆、广东继随其后建立城投公司。当时的城投公司并无实质性资产，主要由财政部、城市建设委员会共同组建，公司资本金和项目资本金由财政拨款，其余由财政担保向银行借款。1995 年《中华人民共和国担保法》出台，其中第八条明确规定："国家机关不得为保证人，但经国务院批准为使用外国政府或者国际经济组织贷款进行转贷的除外。"这明确了地方政府不得擅自举债，应该严格按照《预算法》和《担保法》的要求，规范举债行为，控制债务规模，并通过进一步完善偿债机制。依靠财政担保的城投公司岌岌可危。城投公司真正繁荣始于 2008 年下半年，政府投放 4 万亿财政资金刺激经济后，各商业银行纷纷大力支持国家重点项目和基础设施建设。2009 年 3 月，央行和银监会联合提出："支持有条件的地方政府组建投融资平台，发行企业债、中期票据等融资工具，拓宽中央政府投资项目的配套资金融资渠道，更好发挥投融资平台的作用。"2011 年发改委发 2881 号文明确规定，城投公司的主营收入 70% 需要来自自身，政府补贴只能占 30%。这个前瞻性规定用以预防地方财政支出规模膨胀，从而间接导致中央政府赤字扩大。

（三）平衡中央与地方财政收支分配倾斜的有效工具

分税制改革后，中央政府与地方政府的财权事权不对称现象严重，中央和地方财政收支结构因此逆转。中央财政收入比重明显提高，地方财政收入比重偏低，地方财政支出占国家财政支出比例急剧上升，大致承担了三分之二的财政支出事权，但地方财政收入占比大概只为三分之一。相对地方政府收入而言，地方政府约有一半的财政支出缺口。中央和地方收支结构的逆向发展使地方政府背负沉重的财政包袱，同时，地方政府在追求 GDP 增长率、增加就业等政绩和职位晋升等因素的诱发下，需要通过地方政府债券方式筹措大量资金。

（四）投融资制度的限制

我国地方政府的融资途径，主要包括以下几种形式：中央政府的国债转贷、国外贷款、预算内基建支出、土地基金、国内商业银行贷款和地方政府债券等。中央财政发行国债再转贷给地方政府实际上是借助国债市场平台在《预算法》制度内间接为地方政府举债，但国债转贷额度非常有限，且存在监督困难、成本增加、"爱哭的孩子有奶吃"等信息不对称和资金使用效率不高等问题。同时，国债转贷需要地方政府上报给中央政府，期间审批过程冗长，容易产生道德风险问题。因此，2006 年开始预算草案中已经取消代替地方政府发行国债。国外贷款指地方政府通过中央政府转贷方式向国际性和地区性金融机构的贷款，贷款规模也受到制约。预算内基金支出占地方政府固定资产投资的比例较低，2005 年仅 5% 左右。近年来，随着土地有偿转让制度的实施，土地基金收入呈急剧增加趋势，但是土地基金收入不列入地方政府预算，有些地方的土地基金收入根本不在地方政府的控制范围，对于弥补地方建设基金不足的作用有限，通过各种形式向商业银行贷款，是地方政府获取基建资金的主要来源。但是商业银行贷款由地方政府提供隐性担保的方式获取，没有建立偿债机制，从而导致偿债意识财政化现象严重，加重了地方政府的财政负担。因此，在当时的制度约束下，发行地方政府债券成为地方政府筹措资金的优先选择。

第三节　地方政府债券的发行及偿还

　　简要阐述美国、日本和中国地方政府债券的发行审批制度、资金使用及偿还制度，在认识制度差异的基础上，深入了解中国地方政府债券的特殊性。

一、美国、日本、中国地方政府债券的发行审批制度

（一）美国市政债券发行审批制度

　　美国市政债券的发行审批制度是由美国财政体制和法治制度决定。美国的政府级次分为联邦政府、州政府和地方政府，相应地，美国财政体制分为联邦财政、州财政和地方财政三级。不同级次的政府权能，在法律上均得到清晰界定。美国 50 个州均拥有独立的立法、司法和行政权力，联邦政府和州政府分享权能，各负其责。按照美国宪法，各州均拥有自己的财政立法权，宪法赋予州政府征税权，州政府可以发行市政债券。各州之内的地方政府被视为"州的创造物"，在法律上隶属于州政府，权力和职责也受制于州政府，本身的立法权能很小。实际上，地方政府和州政府之间的关系并非总是严格遵循强制性的法律，州政府对地方政府的实际控制力是有限的。

1. 市政债券的授权或批准

　　在美国，地方政府债券被称为市政债券，州、地方政府发行市政债券不需要上一级政府的批准，不需要向证券交易委员会报告、登记，不需要注册，不需要定期报告，但其发售和交易必须遵守证券法案中的反欺诈和操纵市场条款。虽然州、地方政府拥有发债权限，但其举债行为首先要获得州或地方的有关机构甚至全体公民的授权或批准。美国各州地方政府债券的授权或批准主体存在差异。实际上，全体选民、议会、专门委员会、政府财政部门、委员会等都是州、地方政府债券发行的授权或批准主体。一般债务债券需要税收等收入作担保，其发行机构是

州、地方政府，其批准也比较严格，有的州规定需要经过议会多数票同意，有的州规定需要经全民公决通过，只有少数州规定批准主体是议会与政府的联合或政府单独成立的债务委员会。收益债券的发行机构可以是州、地方政府，也可以是州、地方政府的代理机构或授权机构，其审批相对宽松，一般通过议会多数票批准通过，也有的州要求经政府财政部门批准，甚至有的州规定批准主体就是政府部门或发行机构本身。但若存在管辖权外溢，州、地方政府会根据管辖权外溢的区域范围和受益程度共同发债，此时对州、地方政府债券发行的批准主体就由多个政府的授权主体联合组成，譬如，由议会和政府组成的委员会批准，或由议会和议会联合批准等。

2. 法律法规的限制

美国法律法规对市政债券发行也进行了严格限制，主要有：

（1）联邦法律的限制。美国《1934年证券交易法》对市政债券没有做特别规定，但其中的反欺诈条款适用于市政债券发行人，具有强制性约束力。《1975年证券法增补法案》增强了对市政证券的监管。主要包括：①要求市政证券交易商必须注册；②建立市政证券立法委员会，主要负责对关涉市政证券交易的经纪商、交易商和银行进行监管；③规定证券交易委员会对市政证券交易商的纪律处分，申斥、暂停或取消注册等其他制裁和调查。

（2）发债规模的限制。为了遏制美国市政债券滥发现象，美国许多州的宪法都严格限制地方政府发行市政债券的规模。如，加利福尼亚州宪法规定，除非某机构事先获得某辖区2/3选民的赞同，否则一年度中县、市和学区举债的数额不得超过其年度收入。

（3）发债权的限制。州、地方政府发行一般债务债券须通过公众投票表决；政府代理机构或其授权机构发债要在法律规定或特许范围之内，确保债券合法发行。

（二）日本地方政府债券的发行审批制度

日本财政管理体制具有中央集权和地方自治相结合的特征，地方自治权（包括财政自治权）在很大程度上是由中央政府赋予，因此日本地方政府债券发行审批权不在地方政府手中，而由上级政府或中央政府控制。由于日本的行政体制在改革中演变，财政体制和财政决策制度以及财政监督制度也相应变革，地方政府债券的发行审批制度呈现出阶段性特征，且逐步完善。以1999年《综合分权法》的实施和2006年为界，可将地方政府债券的审批制度分为三个阶段，即：许可制度阶段，协商制度阶段，以及告知协商制度阶段。

1. 许可制度（Approval System）

2000年日本《综合分权法》（The Comprehensive Decentralization Law）实施之前，日本地方政府债券实行许可制度，审批权在中央政府，具体由负责地方事务的自治大臣审批，市町村发债必须经过其所属的都道府县知事同意后报中央政府。

2. 协商制度（Consult System）

综合分权法实施后，日本地方政府债券发行制度改变为协商制度。协商制度下，地方政府与总务厅和邮政省协商（2001年总务厅和邮政省合并为总务省）即可起债，不一定要现任总务大臣（都道府县）或者都道府县知事（市町村）的许可，这是与许可制最大的区别。但财政状况不佳的地方政府起债若取得总务大臣（都道府县）或者知事（市町村）许可，债务的本利偿还将纳入地方财政预算中；反之，若未得到许可起债，本利清偿将排除在标准财政需求外。

3. 告知协商制度（Informed Consult System）

2003年日本《地方财政法》修订实施后，日本地方政府债券的发行审批制度进一步得到完善，新的告知协商制度于2006年4月开始启动。按照新修订的《地方财政法》及政令规定，地方政府债券的发行及变更既适用协商制度①，也适用许可制度。日本《地方财政法》第5条

---

① 《地方财政法》第5条之3规定："地方公共团体，在使地方政府债券发生或者打算变更募集贷项的方法、利率或偿还方法的情况下，根据政令规定，必须与总务大臣或者都道府县知事进行协商。"

之3同样规定"在轻微的情况下以及在其他的总务省令有规定的情况下，则不受此限"。也就是说，一般情况下，地方政府债券的发生或变更采用协商制度，特殊情况下不排除其他制度，因此从维护地方政府债券信用的角度看，告知协商制度包含了"早期预警制度"。

协商制度下，若协商不成功，可以实行告知制度。即，在紧急情况或有其他政令规定，地方公共团体可以不获同意而起债，地方行政首长预先向地方议会报告其意图即可，或于下次会议时向议会报告其意图①。

4. 其他限制性规定

（1）程序性规定。日本地方公共团体经上一级总务大臣或都道府县协商或经其许可后，可行使地方政府债券的发行权利，地方政府债券本利偿还所需要的经费，计入地方团体年度支出总额预算。

日本对地方政府债券的限制反映在地方财务预算中。《地方自治法》第230条规定，普通地方公共团体在法律规定的情况下，依据预算规定可以发行债券，但是预算必须规定地方政府发债目的、发债最高限额、发债方式、发债最高利率以及偿还方式等。普通地方公共团体（即地方政府）行政首长编制的包含地方政府债券的会计年度预算，在年度开始之前必须通过议会批准。行政首长在对预算决议确认后，都道府县必须立即向总务大臣报告，市町村必须立即向都道府县知事报告，并将其要旨向居民公布。另外总务大臣或都道府县知事应该编制并公布起债预发额及其他政令规定的有关文件。

地方财政审议会在地方政府债券决策中同样起限制性作用。虽然总务大臣有最终审批权，但为不损害地方财政的自律性，确保地方自治的发展，总务大臣就地方政府债券某些事项的决策必须征求地方财政审议

---

① 日本地方行政长官的职权大于地方议会，在对地方公共事务决策方面，地方行政长官处于核心地位。这与地方行政长官的选举方式有关，日本地方行政长官是直接从选民中产生的，不是从议会选举后的多数党派产生的，因此都道府县知事或市町村长不对地方议会负责，而是直接对地方全体选民负责。

会的意见。譬如，总务大臣对于地方政府债券申请的同意、基准制定，以及有关事项的文件编写，必须听取地方财政审议会的意见。此外总务大臣对地方政府债券起债或变更的许可，或者所指定的许可对象，或者指定的解除（即可以不适用许可制度），也必须听取地方财政审议会的意见。

（2）硬性指标规定。硬性指标主要有实际偿债比率[①]（Real Debt Servicing Ratio）、债务偿还支付比率（Debt Service Payment Ratio）[②]等。2005 年之前许可发债或咨询负债的衡量指标是债务偿还支付比率，此后以实际偿债比率指标衡量。若实际偿债比率超过 18％，该团体发债需要许可，若高于 25％，则会限制发行某些类型的地方政府债券，若高于 35％，限制发债约束会更紧。

（三）中国地方政府债券的发行审批制度

1. 中国地方政府债券发行审批制度的溯源

在计划经济体制框架内，中国地方政府没有发债权限，地方政府的收入来源依据相关法律法规。《预算决算暂行条例》[③] 指出，"如各该级之总预备费不敷开支时，得转报上级人民政府在其总预备费内核准补助"。此后，新颁布的《国家预算管理条例》[④] 明确规定，"经常性预算不列赤字""地方建设性预算按照收支平衡的原则编制"[⑤] "地方预算固定收入加中央和地方预算共享收入中分配给地方的预算收入，大于地方

---

① 实际依债比率用实际债务偿还量除以一般收入来源总量进行计算。

② 2005 年之前债务偿还支付比率是地方政府许可发债或咨询发债的衡量指标，2005 年更换为实际偿债比率指标。

③ 《预算决算暂行条例》1951 年 8 月 19 日由政务院颁布，1951 年 8 月 19 日起实施，1992 年 1 月 1 日失效。

④ 《国家预算管理条例》在 1991 年 10 月 21 日由国务院颁布。《中华人民共和国预算法》自 1995 年 1 月 1 日起施行后，1991 年 10 月 21 日国务院发布的《国家预算管理条例》同时废止。

⑤ 《国家预算管理条例》第二十六条规定"国家预算按照复式预算编制，分为经常性预算和建设性预算两部分。经常性预算和建设性预算应当保持合理的比例和结构。经常性预算不列赤字。中央建设性预算的部分资金，可以通过举借国内和国外债务的方式筹措，但是借债应当有合理的规模和结构"，第十九条规定，"在分税制财政体制实施前，可以继续实行不同形式的财政包干办法"。

预算支出的，上解中央；小于地方预算支出的，由中央给予补助"。实际上，分税制财政体制实施前十一届三中全会以后，许多地区实行的是不同形式的财政包干①办法，不存在地方政府举借债务问题。1994 年分税制改革后，颁布了《预算法》，第二十八条明确规定"地方各级预算按照量入为出、收支平衡的原则编制，不列赤字。除法律和国务院另有规定外，地方政府不得发行地方政府债券"。直到 1992 年，浦东新区建设需要大量资本，上海市政府以城投公司发行城投债的方式为地方政府市政建设筹集资金，为规避预算法，以曲线发债方式开启了地方政府发债大幕，随后其他省份纷纷仿效。2008 年金融危机后，为刺激经济发展，中央投放 4 万亿财政支出激励地方发展，地方政府配套大多以城投债方式获得。在城投债发展过程中，由于地方政府债务界限不明，不规范的发债积累了大量潜在风险，为规范地方政府发债，2015 年新预算法赋予地方政府举债权限，由此建立了规范的地方政府债券发行审批制度。

2. 地方政府债券的举债方式和举债主体

地方政府可通过发行地方政府债券的方式举债，但地方政府债务资金必须经国务院批准，在国务院确定的限额内②。地方政府"依照国务院下达的限额举借的债务，列入本级预算调整方案，报本级人民代表大会常务委员会批准""除前款规定外，地方政府及其所属部门不得以任何方式举借债务。除法律另有规定外，地方政府及其所属部门不得为任何单位和个人的债务以任何方式提供担保"。地方政府债券的发债主体仅限于经国务院批准的省级政府，省级以下的地方级次政府不可以举借债务。

---

① 财政包干是指地方预算收支核定以后，在保证中央财政收入的前提下，地方超收和支出结余，都留归地方支配，地方短收和超支，中央财政不再补贴，由地方财政自求平衡。财政包干体制自 20 世纪 50 年代以来，就在中国某些省市实行过。党的十一届三中全会以来先后实行了 3 种财政包干的办法，即分灶吃饭、分级包干和收入递增包干。

② 《中华人民共和国预算法》（第一次修正）第三十五条。

3. 地方政府债券的发行特征

（1）发行渠道。地方政府公开发行的一般债券和专项债券，可通过商业银行柜台市场在本地区范围内（计划单列市政府债券在本省范围内）发行，地方政府应当通过商业银行柜台市场重点发行专项债券。

（2）发行利率。一般债券和专项债券均采用记账式固定利率附息形式。一般债券发行利率采用承销、招标等方式确定。采用承销或招标方式的，发行利率在承销或招标日前 1 至 5 个工作日相同待偿期记账式国债的平均收益率之上确定。通过商业银行柜台市场发行的地方债券，发行利率（或价格）按照首场公开发行利率（或价格）确定，发行额度面向柜台业务开办机构通过数量招标方式确定。

（3）发行期限。一般债券期限为 1 年、3 年、5 年、7 年和 10 年，由各地根据资金需求和债券市场状况等因素合理确定，但单一期限债券的发行规模不得超过一般债券当年发行规模的 30％。专项债券期限为 1 年、2 年、3 年、5 年、7 年和 10 年。

（4）免税特征。企业和个人取得的一般债券利息收入，免征企业所得税和个人所得税。

总之，新预算法对地方政府债券从以下五个方面作出了限制性规定。一是限制举债主体，只有经国务院批准的省级政府可以举借债务；二是限制举债资金用途，举借的债务只能用于公益性资本支出，不得用于经常性支出；三是限制举债规模，举借的债务，必须在国务院限定的额度内，列入本级预算调整方案，报本级人大常委会批准；四是地方政府债券是地方政府举债的唯一方式，不得采取其他方式筹措，除法律另有规定外，不得为任何单位和个人的债务以任何方式提供担保；五是严格控制举债风险，发行地方政府债券应当有偿还计划和稳定的偿还资金来源。

二、地方政府债券收入资金的使用

一般地，大多数国家把地方政府债券收入作为地方财政收入列入财政预算①，地方政府债券收入的使用方向和范围体现为财政支出的投向。

（一）美国地方政府债券收入资金的使用范围

美国地方财政相对独立，各州、地方政府对地方政府债券资金的使用方向和范围差异悬殊，主要投向三个方面：

1. 公共资本投资

在美国，州、地方政府提供的公共产品中有相当部分是资本品，即公共资本投资。州、地方政府的资本投资主要分为两类：一类是政府购置的有形资产，如办公大楼、设备等；另一类是基础设施，主要是为城市化社会服务的物质系统和设施，如公路、桥梁、航空设施、公共交通、供水、废水处理、港口等公用设施等，这类支出在理论上属于资本性支出，但美国规定，资产使用期限超过一年，金额超过一定标准的支出才算资本性支出，否则就界定为经常性支出。州、地方政府的主要职能就是对期限长、利润率低、私人无力投资或不愿投资的项目进行投资，因而教育、公用设施等这类资本性支出在州、地方政府支出中占绝对重要的位置，成为地方政府债券收入的重点投向。

2. 补贴私人活动

非公共用途债券是一种补贴私人活动的债券，此类私人活动并非百分之百纯私人目的，至少具有某些公共利益特征。主要有两种补贴形式，一是债券发行收入的 10％ 以上用于非公共活动；另一种是债券发行收入的 5％（或不足 5％但达到 500 万美元）以上用于非政府部门贷款，即州、地方政府将债券发行收入的绝大部分以低于市场利率的价格转贷给私人主体。

美国地方政府债券收入主要从两个投向来补贴私人活动：

（1）抵押收益债券。普遍认为，抵押收益债券通常能够增加居民社区的投资，从这个意义上说它具有公共利益特性。

---

① 美国财政的借债不列入财政收入，因此在美国，财政收入几乎是税收收入的同义语。

（2）学生贷款。学生贷款对于公众接受教育和州立大学补助有益，更高的教育将使人们更具生产效率和好的素养，这些都能提高所在州居民的经济福利和生活质量。这些私人活动所生产的产品不是纯粹私人产品，具有准公共产品性质，能够为当地居民提供公共利益。

3. 平衡财政收支季节性缺口

州、地方政府的财政收入以税费收入为主，税费的征集通常是定期进行的，财政支出是实时进行的，有可能存在财政收入与财政支出不同步的现象。当州、地方政府财政收入未被征集上来时，若需要拨付资金用于安排即时受益性的经常性支出，就必须发行地方政府短期票据来平衡财政收支的时间差。譬如美国地方财政赖以独立生存的财产税，基本上属于对年均财富课征的税种，即每年课征一次。美国个人所得税的征缴采取先按季预缴，再按年申报清缴和部分预扣两种方式缴纳。当财政收支出现季节性缺口时，可利用地方政府债券收入对现实支出和未来收入予以协调。美国地方财政立法要求不得以市政债券弥补永久性财政赤字，一般满足财政预算平衡的时期在1～2个财政年度内。

（二）日本地方政府债券的适债性

日本地方政府债券收入在日本地方财政系统中具有重要地位。它在相当程度上可增加公民福祉，确保地方财政资金来源稳定。在地方政府经济社会发展中，很多项目都得益于地方政府债券收入。例如，宫城县的宫城鼎立医院、埼玉县的体育场、爱知县和名古屋市的投资和基础设施、大阪市的医院、吴市的污水收集系统，以及北区九州城的博物馆，都是以地方政府债券收入为财源建成的。

在日本，一般将地方政府债券资金的使用范围称为适债性。日本法规对地方政府债券的适债性有严格规定。地方财政规定了预算平衡原则，但在正常财政收入不能满足财政支出的情况下，只要该项目支出的行政效果延及将来，且居民在后续年度中能够获得收益，就可以通过债券融资。《地方财政法》第5条规定了地方债的适债范围，"在以下情况下，可以把地方政府债券作为其财源"：

（1）交通事业、煤气事业、供给水事业以及其他地方公用团体经营的企业需要的经费财源。

（2）投资以及放贷的财源（包括以投资或者放贷为目的、为了购置土地或物件所需要的经费财源）。

（3）为了地方政府债券调换所需要的经费财源。

（4）灾害应急事业费、灾后修复事业费以及灾害赈济事业费的财源。

（5）学校及其他文教设施、幼儿园及其他健康福利设施、消防设施、道路、河流、港湾及其他土木设施等公共设施或者公用设施的建设事业费（包括公共团体或者国家以及地方公共团体出资的法人根据政令而设置的公共设施建设事业的负担），或者对其援助所需的经费，以及作为公共使用或提供公用的土地或其替代地而预先取得的土地采购费（包括为了取得该土地有关的所有权以外的权利所需的费用）的财源。

地方政府可以发行特例债券①。主要有：无人区特别措施债券、市町村合并特例债券、避难设施建设债券、采矿污染救济债券等。另外，为确保地方政府有足够的收入来源，地方政府可以发行专门债券②。主要包括：税收减免补充债券、退休津贴债券、收入短缺债券和临时财政措施债券。

（三）中国地方政府债券收入资金的适用范围

1. 公益性项目

新《预算法》明确规定"举借的债务应当有偿还计划和稳定的偿还资金来源，只能用于公益性资本支出，不得用于经常性支出"。一般债券用于支持没有收益的公益性项目，包括公益性重大项目。

2. 收益性项目

专项债券支持有一定收益且收益全部属于政府性基金收入的项目或

---

① ②　日本地方债券协会：《地方政府债券融资目的》，日本地方债券协会网站。

重大项目。专项债券要求精准聚焦重点领域和重大项目。重点支持京津冀协同发展、长江经济带发展、"一带一路"建设、粤港澳大湾区建设、长三角区域一体化发展、推进海南全面深化改革开放等重大战略和乡村振兴战略，以及推进棚户区改造等保障性安居工程、易地扶贫搬迁后续扶持、自然灾害防治体系建设、铁路、收费公路、机场、水利工程、生态环保、医疗健康、水电气热等公用事业、城镇基础设施、农业农村基础设施等领域以及其他纳入"十三五"规划符合条件的重大项目建设[①]。

3. 限制性规定

要求专项债券严格落实到实体政府投资项目，不得将专项债券作为政府投资基金、产业投资基金等各类股权基金的资金来源，不得通过设立壳公司、多级子公司等中间环节注资，避免层层嵌套、层层放大杠杆。

作为地方政府一项重要的政策工具，地方政府债券资金主要投向公益性项目，发挥稳投资、促消费、补短板的作用，但其投向会随着经济社会的发展需要而进行适当调整。譬如，2019 年地方政府债券资金重点投向棚户区改造等保障性住房、铁路、公路、城镇公共基础设施，"三区三州"等重点地区脱贫攻坚、污染防治、乡村振兴、水利等领域重大公益性项目。其中，专项债近一半资金投向了保障性住房和棚户区改造，如表 2-4 所示。

表 2-4　2019 年 12 月中国地方政府债券资金投向

	交通运输	市政建设	土地储备	保障性住房棚户区改造	科教文卫社会保障	生态建设环境保护	脱贫攻坚易地扶贫农村水利	其他	总计
数额（亿元）	2.81	73.77	1.09	86.3	6.58	3.17	24.17	8.77	206.66
占比（%）	1.36	35.7	0.53	41.76	3.18	1.53	11.7	4.24	100

① 中央人民政府网：《关于做好地方政府专项债券发行及项目配套融资工作的通知》，2019年 6 月 10 日。

2020 年专项债新规全面实施，发债投向更加精准，更多资金投向重大民生补短板领域。国务院鼓励专项债投向铁路、轨道交通、城市停车场等交通基础设施，城乡电网、天然气管网和储气设施等能源项目，农林水利，城镇污水垃圾处理等生态环保项目，职业教育和托幼、医疗、养老等民生服务，冷链物流设施，水电气热等市政和产业园区基础设施等。面对突如其来的新冠疫情，政府新增了应急基础设施投资建设债券，以预防并应对公共危机。2020 年 1～3 月地方政府债券资金投向见表 2-5。

表 2-5　2020 年 1～3 月地方政府债券资金投向（亿元）

月份	交通基础设施	市政建设和产业园区基础设施	保障性住房棚户区改造	科教文卫社会保障	生态建设环境保护	粮油储备物流及能源基础设施	脱贫攻坚易地扶贫农村水利	自然灾害防治及其他	合计
1 月	2 004.44	255.31	3.59	1 506.79	576.2	103	896.57	104.77	5 450.67
2 月	1 247.84	1 496.37	56.8	687.19	214.52	28.81	502.46	145.23	4 379.22
3 月	677.8	844.16	203.93	618.52	303.87	51.63	423.39	70.68	3 193.98
合计	1 925.64	4 995.84	264.32	2 812.5	1 094.59	183.44	1 822.42	320.68	13 023.87
占比（%）	14.35	37.23	1.97	20.96	8.16	1.37	13.58	2.39	100

三、偿还制度

美国、日本等发达国家的实践证明，地方政府债券筹资模式的成功在于选择比较切实可行的偿还制度，以控制违约风险，营造有利于经济稳定发展、债权人债务人权利明确、各方权益受到法律保障的制度环境。

（一）美国市政债券偿还制度

1. 偿还机制

美国市政债券的偿还机制具有分散风险的典型特征。理论上存在两个偿债来源：即发债资金投入项目的收益和税收收入。收益债券一般依靠项目收益来偿还，这类债券与地方政府没有直接关系，基本上按照资本市场规律运行。某些类别的收益债券（如公共事业收益债券）通常会设立储备基金，金额与年债务偿还等值，以防临时性现金不足或收入减少情况下债券持有者遭受损失。若收益债券的项目收益低于预期而不能清偿债务时，政府不会明确承诺偿还且没有法律义务提供清偿援助。投资于非营利项目的一般债务债券（GO债）的资金偿还则主要依靠政府税收收入，财产税是美国州（地方）一般债务债券的偿还保证。发行GO债的地方政府必须有比较健全的财政状况和稳定、充足的税收来源。在美国市政债券类型结构中，一般责任债券所占比例较低，而收益债券比例相对较高，这意味着美国州（地方）政府承担的直接债务比例较低。GO债基本上投向非营利性项目，不能直接产生收益，但可通过城市土地价值增值的正外部性而形成社会收益，并产生政府的间接收入。以财产税作为主要地方税种的分税制安排，既可以引导地方政府关心地方市政建设，又能够削减地方政府的财务压力和由此导致的短期行为，形成良性发展机制。

2. 偿还方式

美国市政债券大多都提前偿还，也被称为债券赎回。一般地，债券发行契约中都会专门规定提前赎回债券的时间和价格（即赎回特征）。尽管从发行到被赎回期间债券价格会随市场利率的变化而波动，但除非发行者违约，债券最终的赎回价格即面值。如果提前赎回，那么债券必须以平价进行清偿，或以一个稍高于平价的溢价进行清偿。提前赎回主要有三种方式：

（1）选择性赎回。选择性赎回指由发行者选择偿还方法。债券的募资说明书和债券凭证都会详细说明债券早赎的具体条件。近年来市政债券的早赎条件一般为：满10年赎回支付票面额的102％；满11年赎回支付票面额的101％；满12年赎回按照票面额支付。

（2）强制性偿债基金赎回。强制性偿债基金赎回指在债券的宽限期过后，政府利用偿债基金逐年收回债券的方法。通常按照面值赎回，但若市场价格跌破债券面值，政府也可以通过公开市场购买债券的方式来降低成本。

（3）特别赎回。特别赎回也称为意外赎回，指由于用以支付规定利息的收入源发生意外，债券发行人对债券的提前赎回。较为典型的情况有：①由于灾难破坏了收益债券收益源支撑而导致的提前赎回，也称为灾难赎回。例如，如果暴风雨毁坏了一座桥梁，那么以该桥梁的过桥费收入为支持的市政收益债券就可能被赎回，即债券持有人可收回本金；②产生收入流的工程由于某种原因而不能被继续建造，此时也必须进行意外赎回；③由于利率或税收政策的变化，给发行人或投资人造成较大损失，就会中止债券合同而提前偿还。通常，用以赎回债券的收入来自收益资产的保险，如对桥梁进行的保险。意外赎回债券通常按面值赎回，即平价赎回。

（二）日本地方政府债券偿还制度

1. 偿还机制

日本属于中央集权制国家，高级次政府的法律或道义事权往往成为低级次政府的当然事权，低级次政府债务的最后承担者不可避免地归于高级次政府，因此，日本实际上存在着双重保证的偿还机制安排。作为债券发行或担保人的地方政府是第一级法律责任上的偿还人，中央政府成为第二级的、行政和道义上的偿还人。这种制度安排，实际上形成了财政风险的集中机制。如果考虑到财政是金融机构真正的"最后贷款人"（中央银行是法律和第一顺序的最后贷款人），日本模式实际上具有金融风险、财政风险集中的机制安排。正因为如此，日本地方政府债券结构中，一般预算债的比例远远高于地方公营企业债的比例。

2. 偿还方式

（1）到期偿还。日本地方政府债券可以到期偿还，也可以提前偿还。比较常见的到期偿还手段是建立偿债基金（Sinking Fund），偿债基金专用于赎回所有到期的地方政府债券，严禁用于日常运营。以大阪市为例，到期偿还债券的偿债基金安排如表2-6所示。

表 2 - 6　1998—2009 年间大阪市的偿债基金（一般帐户）

年份	1998	1999	2000	2001	2002	2003	2004	2005	2006	2007	2008	2009
偿债基金 （亿日元）	323	667	1 112	1 677	2 278	2 640	2 688	2 546	2 462	2 512	2 646	2 737

注：表中数据系原始数据。

资料来源：The City Osaka Finance Bureau，the Current Fiscal Condition and the Future Outlook，Loads the City Osaka Finance Bureau Nets（http：//www. zaisei. city. osaka. jp/public/english），Apirl 19，2011.

（2）提前偿还。提前偿还的财源由日本地方财政法规定，分为三个部分：①地方公共团体财政收入显著超过财政收支的部分。地方公共团体的年度地方交付税额和基准财政收入额合计明显超过基准财政需求额的情况下，或者该地方公共团体本财年的一般财源数额超过上财年的情况下，且显著超出该地方公共团体新增义务所需经费的一般财源时，该显著超过部分可以充当提前偿还期限的地方政府债券偿还的财源。②公积金。是由累积金额收入的转入，可以充当提前偿还期限的地方政府债券偿还财源。③剩余金。指地方公共团体的每财政年度的年度收入总额、年度支出总额进行决算之后所产生的剩余。日本《地方财政法》第7 条规定必须把不少于该剩余金的 1/2 金额，充当提前偿还期限的地方政府债券财源。

（三）中国地方政府债券偿还制度

从偿还主体来说，省级政府对地方政府债券依法承担全部偿还责任。由于一般债券是为没有收益的公益性项目发行的，主要以一般公共预算收入还本付息。当前，中国地方政府债券的偿还依据《地方政府一般债务预算管理办法》（财预〔2016〕154 号）的明确规定："一般债务收入应当用于公益性资本支出，不得用于经常性支出。一般债务本金通过一般公共预算收入（包含调入预算稳定调节基金和其他预算资金）、发行一般债券等偿还。一般债务利息通过一般公共预算收入（包含调入预算稳定调节基金和其他预算资金）等偿还，不得通过发行一般债券偿还""非债券形式一般债务应当在国务院规定的期限内置换成一般债券",非债券形式一般债务置换成一般债券后,按照一般债券的本息偿还规定进行。

专项债券用于有一定收益的公益性项目,以公益性项目对应的政府性基金或专项收入还本付息。对于组合融资项目中的专项债券,要求项目对应的政府性基金收入和用于偿还专项债券的专项收入及时足额缴入国库,纳入政府性基金预算管理,确保专项债券还本付息资金安全。单只专项债券应当以单项政府性基金或专项收入为偿债来源。

第四节　中国地方政府债务监管制度的演变

中国地方政府债务监管制度经历了一个比较曲折的发展过程,可以清晰地划分为三个阶段:从禁止到初步发展阶段,支持与规范阶段,法制化和逐步完善阶段。

一、从禁止到初步发展阶段:1994—2008 年

1994 年分税制改革重构了中央政府和地方政府间的财政关系,财权上移事权下放,导致地方政府财权和事权的不对称,地方财政收不抵支现象普遍存在。特别地,社会主义市场经济体制基本框架建立以后,地方政府有强烈的举债融资并搞活经济诉求,但与分税制改革配套的1994 年《预算法》① 第 28 条规定"除法律和国务院另有规定外,地方政府不得发行地方政府债券",严禁地方政府直接举债。

这一阶段是中国城镇化建设的高速起飞阶段,地方政府参与城市建

---

① 旧《预算法》(1994 主席令第 21 号)于 1994 年 3 月 22 日第八届全国人民代表大会第二次会议通过。并于 1995 年 1 月 1 日起施行。此后,历经四次审议,第十二届全国人民代表大会常务委员会第十次会议在 2014 年 8 月 31 日表决通过了《全国人大常委会关于修改〈预算法〉的决定》,并决议于 2015 年 1 月 1 日起施行。至此,预算法在出台 20 年后,完成首次修正。根据 2018 年 12 月 29 日第十三届全国人民代表大会常务委员会第七次会议《关于修改〈中华人民共和国产品质量法〉等五部法律的决定》完成第二次修正。

设的融资需求巨大，加之《担保法》和《贷款通则》分别限制了地方政府为贷款提供担保和直接向银行贷款的能力，地方政府在资金供给严重不满足需求的情况下，不得不开始通过融资平台实现融资。在收支压力下，上海市首发城投债券募集资金，其融资压力在城投债中得以释放，此后城投融资平台模式在全国范围推广。地方政府及其所属机构陆续设立地方政府融资平台公司①，通过城投公司②间接获得地方经济发展所需的巨量资金，城投债模式逐渐成为地方政府投融资的典范。2008年金融危机后，中央政府推出4万亿经济刺激政策应对全球经济危机，地方政府需出资配套资金总计约30万亿以响应政府的经济调控，城投债融资功能得到充分发挥。

二、支持与规范阶段：2009—2013年

在中央实施扩张性货币政策的同时，银行间市场交易商协会制定"六真原则"，扩大城投债发行品种。2009年3月，央行与银监会联合提出"支持有条件的地方政府组建投融资平台，发行企业债、中期票据等融资工具，拓宽中央政府投资项目的配套资金融资渠道"，首次公开承认城投债市场融资渠道。城投公司③由暗向明在全国范围内加速组建，开始迅猛扩张。据统计，2009年全国新城投公司2 000多家，与之形成鲜明对比的则是1992年至2008年间全国以各种形式成立的城投公

---

① 2010年6月10日印发的《国务院关于加强地方政府投融资平台管理有关问题的通知》（国发［2010］号文）指出，地方政府投融资平台是指由地方政府及其部门和机构等通过财政拨款或注入土地、股权等资产设立，承担政府投资项目融资功能，并拥有独立法人资格的经济实体。同年7月，财政部、发改委、人民银行、银监会四部门联合下发《关于贯彻国务院关于加强地方政府投融资平台管理有关问题的通知相关事项的通知》（财预［2010］412号），进一步明确地方政府投融资平台的具体范畴，包括建设投资公司、建设开发公司、投资开发公司、投资控股公司、投资发展公司、投资集团公司、国有资产运营公司、国有资本经营管理中心等，以及行业性投资公司，如交通投资公司等各类综合性投资公司。

② 城投公司在设立初期的融资来源主要是银行贷款，公司的资本金和项目运营资金主要来自财政拨款，其余资金由财政担保向银行借贷，1995年，国家《担保法》出台后，禁止地方财政向城投公司担保，城投公司资金来源受阻，加之没有自己的资产，债务上升，举步维艰。

③ 城投公司自身不具备盈利能力，需要通过政府的财政补贴获得利润。

司仅 6 000 多家。

为落实中央扩大内需投资项目的地方配套资金，地方政府提供各种形式的担保来增强城投公司的融资能力，但随着城投债规模的积累，地方政府债务风险愈发凸显。一方面，由于信息不对称，地方政府对城投公司债务资金使用投向监督困难，城投债可能以公益之名将资金投向非公益项目，再加上预算软约束，城投债规模急剧膨胀。另外，城投公司以企业债名义发行债券，将地方政府债务和城投公司债务混在一起，很难计算该由地方政府实际承担的债务数额。

为规范地方政府举债，2009 年 3 月，财政部颁布《2009 年地方政府债券预算管理办法》，正式将地方政府债券提上日程，同年代发代办 2 000 亿地方政府债券。2011 年发展改革委国发 2881 号文明确规定，城投公司的主营收入中需有至少 70％源自自身经营，政府补贴部分不得超过 30％。统计数据显示，2009—2011 年，城投公司发行的城投债总量为 8 718.5 亿元人民币，为地方政府基础建设筹集了大量资金，有力地扩大了内需，推动了地方经济社会发展。

2011—2013 年，中央开始对地方政府债务进行审计摸底，为管控地方政府违规举债行为做准备。2011 年 10 月，财政部 141 号文获准在上海市、浙江省、广东省、深圳市开展地方政府自行发债试点，地方政府债务发行向规范化推进。根据审计署的审计结果，截至 2013 年 6 月底，全国地方政府债务规模大约 17.89 万亿元，地方融资平台公司债务余额 6.97 万亿元（占比 38.96％），债券类余额 1.85 万亿元（占比 10.34％）。

三、法制化和逐步完善阶段：2014 年至今

2014 年 8 月，《预算法》（第一次修正）明确了地方政府债务的举借方式、规模和地方政府债务的监督。其中，第三十五条明确规定："经国务院批准的省、自治区、直辖市的预算中必需的建设投资的部分资金，可以在国务院确定的限额内，通过发行地方政府债券举借债务的

方式筹措。举借债务的规模，由国务院报全国人民代表大会或者全国人民代表大会常务委员会批准。省、自治区、直辖市依照国务院下达的限额所举借的债务，列入本级预算调整方案，报本级人民代表大会常务委员会批准。举借的债务应当有偿还计划和稳定的偿还资金来源，只能用于公益性资本支出，不得用于经常性支出。除前款规定外，地方政府及其所属部门不得以任何方式举借债务。除法律另有规定外，地方政府及其所属部门不得为任何单位和个人的债务以任何方式提供担保。国务院建立地方政府债务风险评估和预警机制、应急处置机制以及责任追究制度。国务院财政部门对地方政府债务实施监督"。

与《预算法》（第一次修正）相呼应，同年 9 月 21 日，国务院下发《关于加强地方政府性债务管理的意见》（国发〔2014〕43 号），正式开启规范地方政府举债行为的大幕，其中若干规定为后续地方政府债务监管搭建起基础性框架，影响深远。主要包括：①明确剥离城投公司的政府性融资职能，地方政府融资平台不得新增政府债务；②赋予地方政府适度举债权限。在国务院确定并经全国人大批准的额度内，地方政府可以举债，且明确规定地方政府债券是地方政府唯一的融资工具，并纳入地方财政预算管理；③甄别城投公司所举借的存量债务，其中的政府债务，可以发行地方政府债券置换；④鼓励推广PPP 模式①，撬动社会资本参与基础设施和公共服务，提高公共项目运营效率。43 号文的初衷是分割地方政府债务和城投债务，让地方支付债务变得更加透明以便于监管，并通过地方政府债务限额管理控制地方政府举债冲动；在基础设施和公共服务领域，通过 PPP 模式发挥地方政府资金的引领作用，撬动社会资本，促进公共项目的经营管理效率。

2015 年随着经济下行和稳增长压力显著增大，在不违背"企业债务和地方政府债务不分"的大前提下，后续新出台的地方政府债务管

---

① PPP 模式，即公私伙伴关系模式。

理政策开始松动。2015 年 5 月下发 42 号文,放松了 PPP 社会资本方的认定,提出"对已经建立现代企业制度、实现市场化运营的,在其承担的地方政府债务已纳入政府财政预算、得到妥善处置并明确公告今后不再承担地方政府举债融资职能的前提下,可作为社会资本参与当地政府和社会资本合作项目,通过与政府签订合同方式,明确责权利关系"。这项规定给地方政府借助融资平台,以明股实债的 PPP 项目为载体,进一步扩张债务的机会。再比如发展改革委发布的 1327号文,大幅放松了发债条件,突破了原先县级主体必须是百强县才能有 1 家平台发债的限制,为后续区、县级的平台融资大扩张埋下了伏笔。

从地方政府的角度来看,允许地方政府举债虽然开了正门,但限额和预算管理与稳增长目标之间存在难以平衡的冲突,这让地方政府利用城投或其他方式进行债务扩张的动机一直存在。从金融机构的角度来看,由于地方政府担保为城投债提供了安全阀,金融机构能获得低风险、收益率更高的回报,2015 年后凭借各种"金融创新"将资金输送给城投公司,为地方政府违规举债提供便利。

地方政府举债政策的变化反复导致地方政府机会主义心理增强,对城投企业采取频繁担保和增信措施,城投债的债务属性难以彻底分清,最终 43 号文完全切割地方债务与企业债务的意图落空。不仅如此,银行机构的金融创新加剧了对城投债类别穿透识别的难度,明股实债类型的产业基金和 PPP,在结构化融资和会计处理过程中更容易隐匿杠杆。因此,相比于 43 号文推出之前,地方政府债务问题不仅没有化解,反而结构更加复杂、杠杆更加隐匿、债务更加不透明。

2017 年,经济增长稳定势头初现,地方政府债务监管政策转向防控风险和严格监管,监管对象主要针对地方政府和城投公司,以及金融机构。目的是制约监管对象的机会主义融资行为,减少让中央政府"背黑锅"的机会。采用的手段是围堵地方政府违规举债,即"堵偏门",允许地方政府在限额内发行债券,即"开正门"。譬如,财政部印发的

89号文中，中央明确表明支持地方政府在专项债券额度内，项目收益与融资自求平衡的领域，试点发行项目收益专项债券，可以单个项目发行，也可以同一地区多个项目集合发行，偿债资金来源包括政府性基金收入或者项目的专项收入。同时，以负面清单的形式，倒逼地方政府在收益性公共项目中采取PPP融资模式。2018年3月，财政部进一步印发23号文，从金融机构资产端加强监管，规范金融机构对地方政府和包括城投公司在内的国企融资。根据23号文，国有金融企业不得直接或通过地方国有企事业单位等间接渠道为地方政府及其部门提供任何形式的融资，不得违规通过地方政府融资平台公司新增贷款，不得要求地方政府违法违规提供担保或承担偿债责任。

至此，财政部、中国人民银行、发展改革委等部委从两端双管齐下，一起形成了对地方政府债务监管的密网，有效遏制了地方政府违规债务的增长，并开始着力化解存量债务风险。

2009年以来对地方政府债务的相关规范文件及其主要内容如表2-7所示。

表2-7 地方政府债务监管政策的演变路径

时间 （年·月）	文件/会议名称	主要内容
2009.03	《关于进一步加强信贷结构调整促进国民经济平稳较快发展的指导意见》（银发〔2009〕92号）	鼓励地方政府通过增加地方财政贴息、完善信贷奖补机制、设立合规的政府融资平台等多种方式，支持有条件的地方政府组建融资平台，发行企业债、中期票据等融资工具，拓宽中央政府投资项目的配套资金融资渠道
2009.10	《关于加快落实中央扩大内需投资项目地方配套资金等有关问题的通知》（财建〔2009〕631号）	地方政府配套资金可利用政府融资平台通过市场机制筹措
2009.11	《关于坚决制止财政违规担保向社会公众集资行为的通知》（财预〔2009〕388号）	禁止政府融资平台公司等主体用财政担保向行政事业单位职工等社会公众集资，用于开发区、工业园等的拆迁及基础设施建设的现象

（续）

时间 （年·月）	文件/会议名称	主要内容
2010.07	《关于贯彻国务院关于加强地方政府融资平台公司管理有关问题的通知》（财预〔2010〕412号）	明确解释19号文的相关定义和要求，债务清理以2010年6月30日为时间节点实行"新老划断"，以偿债资金70%来源于财政性资金为限划分公益性债务，以偿债资金70%来源于自身收益为限划分公益性平台，要求加强信贷管理，禁止注入公益性资产，坚决制止地方政府违规担保
2010.11	《关于加强地方政府融资平台公司管理有关问题的通知》（国发〔2010〕19号）	对融资平台公司债务按照分类管理、区别对待的原则，妥善处理债务偿还和在建项目后续融资问题，对只承担公益性项目融资任务且主要依靠财政性资金偿还债务的融资平台公司，今后不得再承担融资任务；加强融资平台信贷管理，凡没有稳定现金流作为还款来源的，不得发放贷款，适当提高融资平台公司贷款的风险权重，按照不同情况严格进行贷款质量分类，严禁地方政府提供违规隐性担保（包括应收账款质押等）
2010.11	《关于进一步规范地方政府融资平台公司发行债券行为有关问题的通知》（发改办财金〔2010〕2881号）	偿债资金来源70%以上必须来自公司自身收益，公益类项目收入占比超过30%的平台公司须提供本级政府债务余额和综合财力完整信息表，禁止地方政府违规担保，公益性资产不得注入资本金
2011.06	《关于利用债券融资支持保障性住房建设有关问题的通知》（发改办财金〔2011〕1388号）	融资平台公司发行企业债券应优先用于保障性住房建设，优先办理核准手续。强化中介机构服务，加强信息披露和募集资金用途监管，切实防范风险
2011.10	《2011年地方政府自行发债试点办法》（财库〔2011〕141号）	上海市、浙江省、广东省、深圳市获准开展地方政府自行发债试点，地方政府举债融资机制向规范化推进
2012.06	发展改革委	发展改革委核准的城投债发行主体须遵循"2111"原则，省会可以有2家融资平台发债，国家级开发区、保税区和地级市1家，百强县1家，直辖市没有限制，但所属区仅1家

（续）

时间 （年·月）	文件/会议名称	主要内容
2012.07	发展改革委	发展改革委放松发债条件，无论是否纳入银监会"黑名单"，只要有地方银监局出具的"非平台证明文件"即可发债
2012.12	财政部、发展改革委、人民银行、银监会联合发布《关于制止地方政府违法违规融资行为的通知》（财预〔2012〕463号）	严禁吸收公众资金违规集资，切实规范以回购方式举借政府性债务行为，加强对融资平台公司注资行为管理，进一步规范融资平台公司融资行为，坚决制止地方政府违规担保承诺行为
2013.03	银监会发布《2013年农村中小金融机构监管工作要点的通知》（银监办发〔2013〕71号）	从严控平台贷款，监管及监测两类平台贷款合并计算，余额只降不增，重点压缩县及县以下平台贷款，不得通过购买平台公司债券、短期融资券、中期票据、信托产品等方式向平台提供融资
2013.06	审计署发布《2013年第24号公告：36个地方政府本级政府性债务审计结果》	截至2012年底，36个地方政府本级政府性债务余额38 476亿元，比2010年增长12.9%，地方融资平台公司债务余额17 572亿元（占比45.67%），债券类余额4 640亿元（占比12.06%）
2013.06	《2013年地方政府自行发债试点办法》（财库〔2013〕77号）	扩大自行发债试点范围至上海市、浙江省、广东省、深圳市、江苏省、山东省
2013.08	《关于进一步改进企业债券发行工作的通知》（发改办财金〔2013〕1890号）	地方企业发债申请预审工作下放至省级发展改革部门负责，标志企业债发行从紧缩转向重启
2013.08	发展改革委发布《关于企业债券融资支持棚户区改造有关问题的通知》（发改办财金〔2013〕2050号）	凡是承担棚户区改造项目建设任务的企业，均可申请发行企业债券用于棚户区改造项目，债券金额可达到总投资的70%
2013.12	审计署公布《2013年第32号：全国政府性债务审计结果》	截至2013年6月底，全国地方政府债务规模大约17.89万亿元，地方融资平台公司债务余额6.97万亿元（占比38.96%），债券类余额1.85万亿元（占比10.34%）
2014.01	发展改革委	发展改革委就2013年政府性债务审计结果，提出了六条规范地方政府债务的措施：推动债务置换、降低融资成本、差别化审批、允许部分企业借新还旧、保在建和低收益项目

（续）

时间 （年·月）	文件/会议名称	主要内容
2014.05	财政部印发《财政部代理发行2014年地方政府债券发行兑付办法》（财库〔2014〕41号）	地方债发行实行年度发行额管理，全年债券发行总额不得超过国务院批准的当年发行额度
2014.05	财政部印发《2014年地方政府债券自发自还试点办法》（财库〔2014〕57号）	上海、浙江、广东、深圳、江苏、山东、北京、江西、宁夏、青岛2014年试点地方政府债券自发自还
2014.06	国务院转批发展改革委《关于2014年深化经济体制改革重点任务的意见》（国发〔2014〕18号）	推进财税金融价格改革，研究调整中央与地方事权和支出责任，规范政府举债融资制度，开明渠、堵暗道，建立以政府债券为主体的地方政府举债融资机制，剥离融资平台公司政府融资职能，对地方政府债务实行限额控制，分类纳入预算管理
2014.08	全国人大常委会第十次会议表决通过新《预算法》	从2015年1月1日起，将允许地方政府通过发债筹集资金，赋予其合法举债主体地位
2014.10	国务院公布《国务院关于加强地方政府性债务管理的意见》（国发〔2014〕43号）	赋予地方政府依法适度举债权限，剥离融资平台公司政府融资职能，融资平台公司不得新增政府债务，把地方政府债务分门别类纳入全口径预算管理，以2013年政府性债务审计结果为基础，对存量债务进行甄别。构建了全面规范地方政府债务管理的总体制度安排
2014.10	财政部公布《地方政府存量债务纳入预算管理清理甄别办法》（财预〔2014〕351号）	规定地方政府存量债务清理认定口径和甄别原则
2015.03	财政部	财政部批复3万亿的存量债务置换，其中1万亿的额度已经批复到各省财政厅，缓解地方政府再融资周转困难
2015.03	《地方政府一般债券发行管理暂行办法》（财库〔2015〕64号）、《地方政府专项债券发行管理暂行办法》（财库〔2015〕83号）	明确地方政府发行一般债券和专项债券的要求和流程

（续）

时间 （年·月）	文件/会议名称	主要内容
2015.05	财政部、人民银行、银监会联合发布《关于 2015 年采用定向承销方式发行地方政府债券有关事项的通知》（财库〔2015〕102 号）	明确采用定向承销方式发行地方政府置换债务的范围和要求，要求 8 月 31 日前完成发行
2015.05	国务院转发财政部、发展改革委、人民银行《关于妥善解决地方政府融资平台在建项目后续融资问题的意见》（国发办〔2015〕40 号）	要求支持在建项目的存量融资需求，规范实施在建项目的增量融资，重点支持农田水利设施、保障性安居工程、城市轨道交通等领域的融资平台公司在建项目
2015.05	发改委发布《关于充分发挥企业债券融资功能支持重点项目建设促进经济平衡较快发展的通知》（发改办财金〔2015〕1327 号）	放宽企业债发行条件，简化发债审核审批程序，鼓励优质企业发债用于重点领域和重点项目，支持县域企业发行企业债券融资
2015.08	十二届全国人大第十六次会议表决通过《国务院关于提请审议批准 2015 年地方政府债务限额的议案》	2014 年末全国地方政府债务余额 15.4 万亿元（不含担保和救助类），2015 年地方政府债务限额 16 万亿元，地方政府债务的债务率为 86%
2015.12	财政部发布《关于对地方政府债务实行限额管理的实施意见》（财预〔2015〕225 号）	要求妥善处理存量债务，依法妥善处置或有债务。将地方政府债务分类纳入预算管理。一般债务纳入一般公共预算管理，主要以一般公共预算收入偿还，当赤字不能减少时可采取借新还旧的办法。专项债务纳入政府性基金预算管理，通过对应的政府性基金或专项收入偿还；政府性基金或专项收入暂时难以实现，如收储土地未能按计划出让的，可先通过借新还旧周转，收入实现后即予归还。建立健全地方政府债务风险防控机制。取消融资平台公司的政府融资职能。地方政府存量债务中通过银行贷款等非政府债券方式举借部分，通过三年左右的过渡期，由省级财政部门在限额内安排发行地方政府债券置换

（续）

时间 （年·月）	文件/会议名称	主要内容
2016.02	财政部、国土资源部、人民银行、银监会四部委共同出台《关于规范土地储备和资金管理等相关问题的通知》（财综〔2016〕4 号）	明确了政府土地储备机构的公益性质，地方政府不能再用土地储备获取银行信贷
2016.10	《地方政府债务风险应急处置预案》（国办函〔2016〕88 号）	建立健全地方政府债务风险应急处置工作机制。实行分级响应和应急处置，必要时依法实施地方政府财政重整计划。地方政府对地方政府债券依法承担全部偿还责任。对非政府债券形式的存量政府债务，债务人为地方政府及其部门的，必须置换成政府债券，地方政府承担偿还责任；债务人为企事业单位等的，经地方政府、债权人、债务人协商一致，可以按照有关法律规定分类处理，在规定的期限内置换为地方政府债券；对存量或有债务，依法不属于政府债务，涉及地方政府及其部门出具无效担保合同的，地方政府及其部门依法承担适当民事赔偿责任；涉及政府可能承担一定救助责任的，地方政府视情况实施救助，但保留对债务人的追偿权
2016.11	《地方政府债务风险分类处置指南》（财预〔2016〕152 号）	对地方政府债券，地方政府依法承担全部偿还责任。对非政府债券形式的存量政府债务，债权人同意在规定期限内置换为政府债券的，政府承担全部偿还责任；债权人不同意在规定期限内置换为政府债券的，仍由原债务人依法承担偿债责任，对应的地方政府债务限额由中央统一收回。对清理甄别认定的存量或有债务，不属于政府债务，政府不承担偿债责任。属于政府出具无效担保合同的，政府仅依法承担适当民事赔偿责任，但最多不应超过债务人不能清偿部分的二分之一；属于政府可能承担救助责任的，地方政府可以根据具体情况实施一定救助，但保留对债务人的追偿权

（续）

时间 （年·月）	文件/会议名称	主要内容
2016.11	《地方政府专项债务预算管理办法》（财预〔2016〕155号）	专项债务收入、安排的支出、还本付息、发行费用纳入政府性基金预算管理。专项债务收入通过发行专项债券方式筹措。专项债务收入应当用于公益性资本支出，不得用于经常性支出。专项债务本金通过对应的政府性基金收入、专项收入、发行专项债券等偿还。专项债务利息通过对应的政府性基金收入、专项收入偿还，不得通过发行专项债券偿还。省、自治区、直辖市应当在专项债务限额内举借专项债务，专项债务余额不得超过本地区专项债务限额
2017.02	《关于做好2017年地方政府债券发行工作的通知》（财库〔2017〕59号）	合理制定债券发行计划，均衡债券发行节奏。不断提高地方债券发行市场化水平，积极探索建立发行机制。进一步规范地方债信用评级，提高信息披露质量。进一步促进投资主体多元化，改善二级市场流动性。加强债券资金管理，按时还本付息。密切跟踪金融市场运行，防范发行风险
2017.03	《新增地方政府债务限额分配管理暂行办法》（财预〔2017〕35号）	新增地方政府一般债务限额、新增地方政府专项债务限额（以下均简称新增限额）分别按照一般公共预算、政府性基金预算管理方式不同，单独测算。新增限额分配管理应当遵循立足财力水平、防范债务风险、保障融资需求、注重资金效益、公平公开透明的原则。全国地方政府债务平均年限是全国地方政府债券余额平均年限和非债券形式债务余额平均年限的加权平均值
2017.04	《关于进一步规范地方政府举债融资行为的通知》（财预〔2017〕50号）	明确地方政府债券是地方政府举债的唯一合法手段，地方政府举债一律采取在国务院批准的限额内发行地方政府债券，禁止地方政府对城投公司提供的各种隐性担保，禁止明股实债类项目。允许地方政府结合财力可能设立或参股担保公司（含各类融资担保基金公司），构建市场化运作的融资担保体系

（续）

时间 （年·月）	文件/会议名称	主要内容
2017.05	《地方政府土地储备专项债券管理办法（试行）》（预财〔2017〕62号）	明确地方政府为土地储备举借、使用、偿还债务的办法。地方政府为土地储备举借债务采取发行土地储备专项债券方式。土地储备专项债券纳入地方政府专项债务限额管理。发行土地储备专项债券的土地储备项目应当有稳定的预期偿债资金来源，对应的政府性基金收入应当能够保障偿还债券本金和利息，实现项目收益和融资自求平衡
2017.06	《地方政府收费公路专项债券管理办法（试行）》（财预〔2017〕97号）	地方政府为政府收费公路发展举借债务采取发行收费公路专项债券方式。发行收费公路专项债券的政府收费公路项目应当有稳定的预期偿债资金来源，对应的政府性基金收入应当能够保障偿还债券本金和利息，实现项目收益和融资自求平衡。收费公路专项债券纳入地方政府专项债务限额管理。收费公路专项债券资金应当专项用于政府收费公路项目建设
2017.06	《关于试点发展项目收益与融资自求平衡的地方政府专项债券品种的通知》（财预〔2017〕89号）	支持地方政府在专项债券额度内，项目收益与融资自求平衡的领域，试点发行项目收益专项债券，可以单个项目发行，也可以同一地区多个项目集合发行，偿债资金来源包括政府性基金收入或者项目的专项收入
2017.06	《关于坚决制止地方以政府购买服务名义违法违规融资的通知》（财预〔2017〕87号）	明确政府购买服务的改革方向、实施范围、预算管理、信息公开等事项，严禁以政府购买服务名义违法违规举债。明确政府购买服务内容重点应当是有预算安排的基本公共服务项目。要求地方政府及其部门不得利用或虚构政府购买服务合同为建设工程变相举债。不得通过政府购买服务向非金融机构进行融资，不得以任何方式签订应付（收）账款合同帮助融资平台公司等企业融资
2018.02	《关于做好2018年地方政府债务管理工作的通知》（财〔2018〕34号）	高度重视地方政府债务管理工作。依法规范地方政府债务限额管理和预算管理。及时完成存量地方政府债务置换工作。着力加强债务风险监测和防范。进一步强化地方政府债券管理。完善地方政府债券市场化定价机制

（续）

时间 （年·月）	文件/会议名称	主要内容
2018.02	《国家发展改革委办公厅财政部办公厅关于进一步增强企业债券服务实体经济能力严格防范地方债务风险的通知》（发改办财金〔2018〕194号）	地方政府严禁将公益性资产及储备土地使用权计入申报企业资产，对于已将上述资产注入城投企业的，在计算发债规模时，必须从净资产中予以扣除。信评机构不得将申报企业信用与地方政府信用挂钩，严禁申报企业做出涉及与地方政府信用挂钩的虚假陈述、误导性宣传
2018.03	《试点发行地方政府棚户区改造专项债券管理办法》（财预〔2018〕28号）	地方政府为棚户区改造举借、使用、偿还专项债务的办法。试点发行棚改专项债券的棚户区改造项目应当有稳定的预期偿债资金来源。棚改专项债券纳入地方政府专项债务限额管理。棚改专项债券资金由财政部门纳入政府性基金预算管理
2018.05	《关于做好2018年地方政府债券发行工作的意见》（财库〔2018〕61号）	要求加强地方政府债券发行计划管理，提升地方政府债券发行定价市场化水平，合理设置地方政府债券期限结构，完善地方政府债券信用评级和信息披露机制，促进地方政府债券投资主体多元化，加强债券资金管理，提高地方政府债券发行服务水平，加强债券发行组织领导
2018.05	《关于完善市场约束机制 严格防范外债风险和地方债务风险的通知》（发改外资〔2018〕706号）	完善市场约束机制，切实有效防范地方债务风险。严禁企业以各种名义要求或接受地方政府及其所属部门为其市场化融资行为提供担保或承担偿债责任，切实做到"谁用谁借、谁借谁还、审慎决策、风险自担"
2018.12	《关于印发〈地方政府债务信息公开办法（试行）〉的通知》（财预〔2018〕209号）	要求县级以上各级财政部门地方政府债务信息公开。主要目的是增强地方政府债务信息透明度，自觉接受监督，防范地方政府债务风险
2018.12	第十三届全国人民代表大会常务委员会第七次会议	在2019年3月全国人大批准当年地方政府债务限额之前，授权国务院提前下达地方新增债务限额1.39万亿元，以后在当年新增地方债务限额的60%以内，提前下达下一年度地方政府债务限额，授权期限为2019年1月1日至2022年12月31日
2019.02	财政部《关于开展通过商业银行柜台市场发行地方政府债券工作的通知》	地方政府公开发行的一般债券和专项债券，可通过商业银行柜台市场在本地区范围内（计划单列市政府债券在本省范围内）发行

（续）

时间 （年·月）	文件/会议名称	主要内容
2019.04	财政部发布《关于做好地方政府债券发行工作的通知》	财政部不再限制地方债券期限比例结构，地方财政部门自主确定期限
2019.06	《关于做好地方政府专项债券发行及项目配套融资工作的通知》	允许将专项债券作为符合条件的重大项目资本金
2019.06	关于印发《土地储备项目预算管理办法（试行）的通知》	对预期土地出让收入小于土地储备成本、"收不抵支"项目，应当统筹安排财政资金、专项债券予以保障，其中，债券发行规模不得超过预期土地出让收入
2019.09	2019年9月国务院常务会议	按规定提前下达明年专项债部分新增额度，确保明年初即可使用见效；扩大地方专项债使用范围，不得用于土地储备、房地产、置换债务及可完全商业化运行的产业项目
2019.11	财政部《关于切实加强地方预算执行和财政资金安全管理有关事宜的通知》	再次强调不得将资金存放与地方政府债券发行、金融机构向地方政府建设项目提供融资等挂钩
2019.12	中央经济工作会议	2018年会议对地方债2019年布局为"较大幅度增加地方政府专项债券规模；要推进财税体制改革，健全地方税体系，规范政府举债融资机制"，2019年会议对地方债并未提及

第三章 中国地方政府债务规模扩张的理论基础

从公共产品供给和地方政府职能扩张理论、财政分权理论、地方政府融资工具理论和地方政府债务效应几个方面着手为中国地方政府债务规模扩张奠定理论基础。

第一节 公共产品与地方政府职能扩张

亚当·斯密认为政府的角色应该减少至最低程度。20 世纪 30 年代"大恐慌"后，凯恩斯宏观经济学派兴起，经济学界对政府角色的观点悄然变化。一般认为，地方政府主要承担提供公共产品和公共服务等职能，包括公益性项目和收益性项目，及地方重大项目等。随着社会经济发展的需要，逆向调节经济周期、稳定地方投资、促进消费需求等成为地方政府的重要任务。

一、"市场失灵"与公共产品供给

微观经济理论的一般均衡分析框架下，竞争性市场可以通过价格机制有效配置资源，实现帕累托最优状态。但是，从社会福利角度来看，价格机制不是万能的，它不可能在经济生活的所有领域充分发挥调节作用，总是存在某些场合，市场不能提供符合社会效率条件的商品或劳务，导致"市场失灵"，造成资源配置的效率损失。"市场失灵"的不足可以通过政府的经济行为弥补。因此，20 世纪中期以来，政府和市场共同调节经济系统成为世界大多数国家的一般做法。

在完全竞争市场体系中，所有产品和要素价格都能准确地反映出各自的边际成本，必然实现资源配置的帕累托最优状态。现实中的市场结构不能满足帕累托最优资源配置的假设条件，因此在不完全的市场体系中，必然会由于信息不对称、规模经济、外部性、优效产品和公共产品的短缺、交易成本高昂等市场失灵问题而导致经济效率低下。

公共产品，也译为公共财货或公共事业，与私人产品存在实质性差异。由于产品的"公共性"，提供正的外部效应，原则上不能排除或以很高代价才能排除其他社会成员享用其使用价值，从这个意义上说，提供公共产品是一种公益活动。理论上，由于公共产品的边际社会收益大于边际私人收益，由私人提供公共产品时，边际私人成本大于边际私人收益，经济人缺乏供给公共产品的动机，其适度产量总是小于最优产量。如图 3-1 所示，假如某公共产品市场有两个消费者 A 和 B，由这两人构成的社会中，公共产品的最优产量在 M 点，M 点处，公共产品的边际社会成本等于边际社会收益。该公共产品单独由 A 提供的价格为 OL，单独由 B 提供的价格为 ON，总价格为 OL 和 ON 的纵向加总，即 OT。

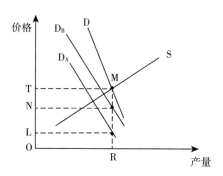

图 3-1　公共产品的最适度产量

原则上市场解决不了的问题应该交由政府解决，或者将市场与政府结合发挥互补优势共同解决。按照市场失灵覆盖范围可以划分为总体性或全国性市场失灵、跨区域性市场失灵和区域性市场失灵。依此为凭，将全国性市场失灵交由中央政府处理，而地方层次上的市场失灵由地方政府承担，跨区域性的市场失灵则由多个行政区域协商解决。地方政府提供的公共产品主要分为四种类型：一是公共性程度高的公共产品。这类公共产品的受益者或消费者人数越多，公共性程度越强，其外部影响越大，其提供和利用状况对经济资源配置效率、社会福利、经济增长等影响越大，对政府履行解决职能的有效性影响也越大，市场力量和第三方力量提供的动机愈是不足。二是不宜或不应由政府力量提供的公共产品。某些种类的公共产品由非政府力量提供可能会导致谋取私人利益，损害社会福利，甚至损害公共安全。由政府提供有利于维护公共利益，促进社会经济稳定发展。三是非政府力量不愿意或无力提供外部性大的公共产品。公共产品的非排他性越高，搭便车者也会越多，市场或者第三方没有能力供给，会导致公共产品供给不足，降低经济效率。四是非政府力量没有能力提供或虽然有能力提供但非竞争很高的公共产品。譬如跨地区的道路、桥梁、消防设施等。五是包含补贴性质的民生类产品，虽然具有排他性和竞争性，但作为社会保障机制的一部分，需要政府以相对低廉的价格供给。如保障性住房、合作医疗、义务教育等。因此，地方性公共产品，如地方性路灯、交易标准、道路、地方性供水和天然气等地方性优值品（如符合一定标准的住房），以及其他在应用方面的微观经济或福利经济项目，一般由地方政府提供，但实际上地方政府承担职能时还应在规模经济、范围经济、溢出效应和决策成本之间权衡利弊。

二、地方政府职能理论

《国富论》将政府职能局限在三个方面：保卫本国社会的安全，使其不受其他独立社会的横暴与侵侮；保护人民不受社会上任何其他人的欺侮或压迫；建立并维持某些公共工程和公共设施。斯密认为，国防及司法行政方面所必需的公共设施和公共工程由政府提供，便利社会商业的良好道路、桥梁、运河和港湾，以及促进人民教育的公共设施和工程也是政府职责范围内的事务，但就中央政府和地方政府的职能分工没有进行详细论证。

现代市场经济体制下地方政府的职能如何呢？马斯格雷夫（Musgrave，1976）等财政学者认为，地方政府主要行使资源配置职能，包括制定经济决策，将有限的资源在不同产品和服务间进行合理分配。国内学者认为，地方政府可以行使宏观调控职能，并称其为"分层调控"。它的特点是：地方调控是全国调控的组成部分，主要任务是实现全国的调控目标；地方政府贴近基层，贴近群众，诸如地方层次的规划、协调、服务、监督等宏观职能，大多要靠地方政府实施；由于中央和地方的分工不同，地方的分级调节实际上是对国家宏观调控的补充。另外，在中央和地方分权基础上，地方行使的调控职能主要包括地方经济发展、市场稳定、区际关系协调、结构优化等，这部分调控职能地方政府具有决策权限。

阿瑟认为地方政府在行使配置资源职能时，主要发挥三方面作用：供给公共产品和服务、管制自然垄断和将外部成本内部化。具体来说，地方政府在诸如教育、警察、高速公路、公园、图书馆、消防和上下水道建设等供给上负有责任。

若将地方政府职能划分为核心职能和边缘职能，则核心职能指世界所有国家的地方政府都负有的职责。这类职能通常包括地方道路、消防、垃圾回收及处理、下水道、公园和游乐场所、文化设施和活动、城市规划及土地开发、地方法规的执行、卫生服务和自来水供应等。上述职能通常都是本地化的，且地方政府的履行可以提供显著的地方收益。边缘职能的提供则因国家而异。例如，丹麦的地方政府用于社会福利的预算占50％之多；加拿大和英国则将约40％的预算分配给学校教育事业；英国、法国和德国的住房和社会福利项目均安排了15％～25％的地方政府预算；在美国，州、地方政府支出项目中最大的是公共教育。

在地方政府公共产品供给制度中，西方学者进一步细化了地方政府职能。Ostrom（2000）将"提供"与"生产"从本质上区别开来。"提供"是指"通过集体机制对公共物品的供给者、数量与质量、生产与融资方式、管制方式等问题做出决策"；"生产"则指"将投入变为产出的更加技术化过程，制造一个产品，或者在许多情况下给予一项服务"。麦金尼斯则从公共管理角度分析地方政府的两类根本不同的职能，他认为在公共管理实现过程中，存在着生产它的实体以及提供者，即联结生产者和消费者并作出具体安排的中介。生产是物理过程，提供是得到产品的过程。奥克森也持相同主张，认为地方政府职能应该严格区分为供应和生产两类本质上不同的职能。地方政府首先是一个"纯粹供应单位"，即生产前的决策机构，应通过公共选择提供公民所需要的公共产品和服务的数量和质量。即地方政府的首要职责是决定供应什么、供应多少以及如何供应，所有这些决策都应该围绕公民的公共利益和需求。地方政府可以在许多活动领域发挥积极作用，如筹集财政收入、对公民的需求进行审议、组织选举活动、选择公民可欲的产品和服务、决定供应水平、选择供应方式、对合同内容进行谈判、监测产品和服务的质量、监督服务流程等；其次，在市场不能发挥有效作用的领域地方政府方可行使生产职能，即，在生产领域政府应作为市场的补充机制来弥补市场失灵。奥克森还将公共产品和服务划分为资本密集型和劳动密集型，并针对不同类型的产品和服务区分政府的细化职能。

第二节　财政分权

一、财政分权理论

　　财政分权理论的发展经历了两个阶段：传统财政分权和新财政分权。传统财政分权理论的基本主题是：怎样将各项财政职能及相应的财政事权在各级次政府间进行合理分配。核心观点为，如果将资源配置的权利更多地向地方政府倾斜，那么地方政府间的竞争能约束地方当局考虑纳税人的偏好，并可强化地方政府行为的预算约束。新财政分权理论引入了激励相容与机制设计学说，更关注机制设计对地方政府的激励作用。

（一）传统财政分权理论

传统财政分权理论以斯蒂格勒（Stigler）、马斯格雷夫（Musgrave）、奥茨（Oates）和蒂博特（Tiebout）等经济学家的分权思想为代表，分析了分权的必要性和正当性。

1. 斯蒂格勒的分权思想

斯蒂格勒最早探讨政府间财政关系，认为地方分权的经济学原因在于地方政府比中央政府更接近民众，更了解辖区居民的偏好和需求。不同区域的居民对公共产品和服务的偏好存在很大差异，地方政府的存在恰是为满足不同区域居民的地域性偏好，并成为一种实现居民差异性需求的机制。

2. 马斯格雷夫分权思想

马斯格雷夫从政府的收入分配、经济稳定和资源配置三大财政职能出发，分析了国家财政结构安排的空间维度，即受益范围在空间上受限制的特点要求财政结构实行分权体制。他认为：由于地方政府再分配政策区位差异所造成的扭曲、经济主体的流动性限制、以及各主权辖区相互合作的现实意义，分配上的调整应主要是中央财政的职能；地方市场间的相互关联性和"渗漏"效应，稳定职能必须由中央财政承担；资源配置职能应该按照受益归宿的空间范围安排财政结构，全国性的公共产品或服务（如国防）应由国家提供，地方受益的服务（如街灯）由地方政府提供，具有受益外溢性的其他服务（如教育）则应该辅以中央补助制度并以区域为基础来提供，公共产品或服务成本可以根据受益区域居民的偏好和受益程度分摊，因此资源配置职能主要由地方政府安排。并指出，分权化的财政体制允许公共服务模式改革，能满足差异化的地方偏好和消费者的多样化需求。

3. 奥茨分权理论

奥茨在《财政联邦主义》一书中，通过一系列假定提出了由地方政府分散提供公共产品的比较优势，即奥茨"分权理论"。对某种公共产品而言，如果其效用范围涉及的区域在某地方性区域内，且中央政府和地方政府提供该公共产品的单位成本相似，那么让地方政府将一个帕累托有效的产出量提供给当地居民总要比中央政府合适。因为与中央政府相比，地方政府更接近民众，更能够识别其辖区内居民的偏好和需求，提供的公共产品更能给当地居民能带来更大的效用。

4. 蒂博特模型

由蒂博特教授于 1956 年首次提出，该模型指出权衡边际净收益的人们可以通过迁移的方式对地方政府所提供的"公共产品"满意程度进行投票。只有当人们不能在社区间自由流动时，公共物品对人们的限制才是有效的。由于社区提供的公共物品呈现数量和质量的差异，当人们对社区进行选择时，就能借此来选择地方公共物品。用迁移方式对公共物品进行选择的行为被称为"用脚投票"。蒂博特认为，在一定条件下，如果人们能"用脚投票"，地方政府间的竞争将迫使地方政府提供有效配置的公共物品。但是该模型有五个假设条件，分别是：存在足够多的提供差异性公共产品和服务的地方政府；信息完全且居民可以在辖区间自由流动；辖区间不存在公共产品或服务的溢出效应；不存在规模经济；地方政府仅能用人头税支付公共产品和服务支出。在现实社会中蒂博特提出的假设条件不可能完全得到满足，因此蒂博特模型具有相当大的局限性，但该模型的思想已经被普遍接受，即在一定程度上人们可以对地方政府投反对票。

（二）新财政分权理论

新财政分权理论是在分权框架内引入激励相容和机制设计思想，以钱颖一和罗兰（Qian、Roland）、温格斯特（B. Weingast）、怀尔德森（D. E. Wildasin）近年来发表的论文为代表。学者们更关注设计出有效的激励机制，以实现对公共政策制定者的激励。该理论认为传统分权理论仅从地方政府的信息优势分析分权的好处，没有充分考虑分权的作用机制，且以地方政府忠于职守为假设前提。实际上，与企业经理一样，地方政府及地方政府官员都有自身的物质利益，只要缺乏监督就存在寻租行为，因此有效的地方政府结构应具有能实现地方政府官员利益与地方居民福利的激励相容机制。

二、财政分权：历史与现实

从财政管理体制改革目标看，财政分权是历史发展的趋势。尽管如此，由于财政分权的文化和历史特性，以及分权与集权平衡的难于把握，各国的财政分权都将经历一个漫长过程。

（一）日本财政分权的历史和现实

财政分权是伴随着地方分权而来的，日本"地方分权"经历了一个曲折艰难的过程。在处于德川幕藩体制下的封建统治时期，"地方分权"程度比较高。19世纪末期，屈于被迫开放国禁的压力，日本开始进行明治维新。此后，日本的中央集权化趋势加大，特别是在战时体制下，中央地方高度融合的特征更加鲜明，日本成为典型的中央集权国家。第二次世界大战后，新宪法中确立了"地方自治"的基本原则，在宪政上日本地方政府确立了法理上的自治地位和自主性，但实际上，地方政府却承担着许多来自中央政府各部门的事务，并接受大量的中央政府转移支付。对中央政府的过多依赖降低了日本地方分权程度，因此战后很长一段时期，日本地方分权制度并存着"自治实体"特征和"行政实体"特征。

从地方政府拥有的"事权"和可以支配的财权看，日本实行的是以"地方自治"为名的集权制国家。一方面地方政府承担了大量的没有"事权"转移的中央机关委任事务；另外地方政府的财政支配权力有限，需要中央的财政支持，导致地方经济发展活力不强。为扩大地方政府的决策权能，并努力促进新的分权化改革，在地方分权成为社会共识的基础上，经过多方积极努力，1999年日本通过了《地方分权一揽子法》（2000年4月1日正式实施），开始推行旨在扩大地方自治权的地方自治制度。地方分权的目标是将"由中央省厅主导的行政系统"变革为

"尊重多样化的地域社会个性的、由地方居民主导的个性化、综合化的行政系统"。这次改革主要实现了中央政府与地方政府"事权"的清晰划分，以及确立了中央政府"干预法定主义"原则，从而强化地方政府的自治行政权和执行权，但此次改革对财政资源的重新配置没有取得实质性进展。为强化地方财政基础并扩充地方财源，促进财政资源向地方政府转移，确保地方政府的财权独立并强化其职责，2003 年启动了"三位一体改革（The Trinity Reform）"①。主要内容包括："税源转移"改革、缩减和废止"国库支出金"的财政补贴制度改革，以及财政转移支付制度改革（主要内容为调整"地方交付税"的计算方法）。最近的分权化改革努力是 2006 年 10 月 8 日通过，并于 2007 年 4 月 1 日实施的《分权改革促进法》。该法目的在于界定中央和地方政府的职责，规定中央和地方政府的基本事务以促进分权，并试图通过建立分权体系，以全面计划的方式促进分权化，最终达到消除或减少国家参与地方政府事务或以国家财政补贴形式干涉地方政府事务等目标。该法案实施后，分权改革委员会在政府内部建立起来，主要研究中央政府和地方政府的角色定位模式②，并拟定临时报告，听取各政府部门报告后形成系列建议，形成新的分权化改革方案并提交给国会。目前，这一改革已取得初步成果，地方政府提供的社会保障和其他公共服务日益增多。

（二）发展中国家和转轨国家的分权化浪潮

二十世纪后半叶，财政分权化逐渐成为发展中国家和转轨国家的时

---

① 三位一体改革指三项改革的同时进行，包括：1995 年制定的《地方分权促进法》，适度扩大地方政府在行政和财政方面的自主权限；2000 年制定的《地方分权汇总法》，在总体法律框架内，明确规定了国家和地方的职责范围，规定从中央向都道府县、市町村逐层下放权力。改革伴随大规模减并基层行政组织，同时发展小规模市町村。2002 年制定的《财政经济运营与结构改革基本方针》，提出缩小并废除国库补助金，改革地方交付税制度，向地方转移税源。

② 例如，地方分权改革委员会的研究报告显示，地方政府开征法外税可有效弥补法定税收的不足，而且法外税更注重纳税人的受益和负担的关系，可促进地方居民参与地方行政。在日本，法外税相对法定税而言，指地方政府自行征收的法定外税收。法外税大部分与环境保护有关，通常税率较低。

代风尚。某资深世界银行研究员指出，人口超过五百万的 75 个发展型和过渡型经济体中，除 12 个经济体外，其余都声称已开始某种形式的权力下移。同时期，三个主要的发展中国家，巴西、印度和南非以宪法的名义赋予地方政府权力。巴西于 1988 年制订的新法规在很大程度上扩张了地方政府权力，并将市内交通、学前教育和初级教育、土地利用、预防保健，以及历史文化保护的控制权交给地方。印度 1992 年出台了一项补充法规，该法规授予地方政府诸多职能，譬如，经济和社会发展规划职能、消除城市贫困职能，甚至将造林与森林管理职能也交予地方。补充法规限制中央政府对地方政府权力的取消，并修订了中央和地方的财政关系。1996 年南非的一个新法规中，整整一章（第 7 章，包含 14 篇独立文件）涉及地方政府权力，该法规声言地方政府的目标为：①给予地方社区（社团）民主权利并提供负责任的管理；②支持并确保对社区提供服务；③促进社会和经济发展；④创造安全健康的环境；⑤鼓励社区和社团组织参与地方政府事务。

这一时期，转轨国家诸如匈牙利、波兰、罗马尼亚、俄罗斯、乌克兰、保加利亚、阿尔巴尼亚等国也开始进行财政分权改革。初期改革是按照"华盛顿共识"①的方案，将经济职能在不同级次政府间进行划分，并将大部分社会责任安排给地方政府。由于分税制改革尚不成熟，导致地方政府财权与事权的不对称，中央政府财政支配能力急剧下降，这迫使转轨国家的财政分权转向更为现实的财政管理体制，即提高中央政府的财政汲取能力，明确划分中央与地方财政的支出责任等。

（三）中国的分税制改革与地方财政分权努力

从中国财政管理体制改革进程看，中国的财政分权基本上是从 1980 年实行的"划分收支，分级包干"开始的，也称为分灶吃饭。"包

---

①　华盛顿共识的主要内容为私有化、市场化和金融市场开放。国内有学者认为，该改革方案的实质是将这些国家纳入以美国利益为核心且由美国主导的全球化制度体系内。

干体制"激励地方政府组织财政收入，增强地方财政能力，但造成中央财政汲取能力的下降、重复建设、地区封锁、"逆调节"等一系列问题。另一方面地方基础产业的发展要求进行新的税制改革。20 世纪 80 年代初期及以前，由于地方财力和计划经济体制的限制，地方政府发展基础产业的努力并不突出。20 世纪 80 年代末至 90 年代初，在工业化、城市化的推动下，中央政府被迫转变观念，允许、鼓励地方政府发展交通、通讯和能源等基础产业。在此背景下，1994 年建立了分税制财政管理体制的主体框架。分税制的主要内容包括：①划分中央与地方的财政收支范围；②明确中央与地方的收入范围；③分设中央与地方两套独立的税务机构；④为维护地方政府的既得利益，实行中央对地方的税收返还和原体制补助制度。此后，根据经济形势的变化，中央逐步采取措施对分税制进行调整和完善。譬如，逐步调高证券交易印花税的中央分成比例；实施所得税收入分享改革，除少数企业外，大多数企业所得税和个人所得税收入实行中央与地方按统一比例分享；改革出口退税负担机制等。

源于政治行政的制度特征，中国地方政府和中央政府间是一种委托—代理关系，地方政府是中央政府的"派出机构"，决策权归中央政府所有，执行权则归地方政府。虽然决策权高度集中，但事权的支出责任由中央和地方政府共担。即，中国的财政分权具有典型的政治集权下的经济分权特点。从财政分权的效果看，地方政府受人事任免权高度集中的激励，积极推动地方经济发展，但由于缺乏辖区内的横向制约和公民监督，弱化了地方政府在提供教育、医疗、环境保护、生态平衡和社会保障等方面的职能，且容易诱发机会主义，产生道德风险，层级政府间相互推诿事权，以及地方财政预算约束软化和政治腐败等。故而需要审慎考虑的问题是：与一国的政治、经济、文化和历史等因素相契合的分权制度该如何安排，如何巧妙平衡集权与分权，如何设计出有效的财政分权激励机制，实现财政分权目标。

第三节 地方政府融资工具

现代地方财政体制下，地方政府在承担地方经济社会发展职能的过程中，受预算法框架约束地方财政收支不平衡提出融资的现实需求。纵观世界各国，从老牌资本主义国家英国到建国历史不足 300 年的美国，再到新兴的发达经济体日本，经历由低到高的经济发展程度，地方政府均需要多元化的融资工具支持，并构成地方政府债务，主要用于弥补财政赤字，或为公益性项目建设筹集资金。

一、地方政府融资工具的类型

从各国地方政府融资实践看，地方政府融资工具主要包括财政融资、银行信贷和私人投资（公私合营）。

（一）财政融资

财政融资的来源包括地方税收、地方预算外收入、出售资产收入、转移支付、地方政府债券收入[①]等。其中，预算外收入和出售资产收入基本上在财政预算之外。预算外收入指为代行政府职能，依法（包括规章）收取而安排使用的未纳入政府预算的各种财政性资金；土地出让金收入是出让土地使用权所取得的收入，是政府性基金预算收入的重要组成部分。本书的财政融资工具主要指纳入财政预算的三块收入，包括：地方税收、转移支付和地方政府债券收入。

地方税收是地方财政收入的主要来源，是地方政府赖以履行各项职责的保证。一般地，地方税在地方财政收入中占很大比例，地方政府可根据本地发展需要开征或停征某些地方税种，也包括对税目、税率和征税方式等的调整。譬如，日本地方政府可开征法外税，用以弥补法定税收的不足。地方税大多是税源分散、流动性较差、收入规模相对较小的

---

① 西方国家如美国不把市政债券收入列入财政收入，其财政收入几乎是税收的代名词。

税种。中国地方政府设置的主要税种为：营业税、城建税、教育费附加、地方教育费附加、水利建设专项基金、印花税、城镇土地使用税、房产百税、城市房地产税、车船税、土地增值税、资源税、烟叶税、个人所得税度、企业所得税等。由于地方税的税种较少，大部分税种属于中央与地方共享，因此共享税是地方财政收入的主体。

转移支付，又称财政拨款，是中央政府对地方政府的无偿补助性财政收入，用以调剂地区性财政收入差距，保证税源匮乏地区能为本地居民提供基本的公共产品和服务。此外，在地方建设项目中，某些是由上级政府的转移支付（政府拨款）完成的。这类项目一般具有两个特点，一是该项目具有溢出效应，项目的运行使得多个行政区域同时受惠，上级政府出于跨区域利益的考虑对该项目拨款；二是上级政府对该项目有特殊需要。譬如，事关国家利益的横跨数个地区的大型油气管道的铺设。政府拨款的方式很多，一般按照提供资金的比例分为全额拨款和比例拨款。如果该项目纯粹属于上级政府的事权范围，则全额拨款具有经济合理性；如果该项目只涉及上级政府的部分利益，可能实施比例拨款。

地方政府债券是资本市场上项目融资的主要工具。当资本项目融资数额巨大，地方税收或使用费无力提供充足资金时，发债筹资成为首要选择。当今世界许多国家都允许地方政府发行债券以弥补地方财政缺口。中国新《预算法》出台前，虽然地方政府债券尚未在法律制度框架内实施，但实际上，地方政府为缓解沉重的财政压力，发行了名目繁多的企业债券，且因地方政府提供担保，本质上可以视为地方政府债券。新《预算法》实施后，地方政府被赋予一定的举债权限。目前，地方政府举债种类主要分为一般债券和专项债券，其中，一般债列入一般公共预算收入，专项债列入政府性基金预算收入。

（二）银行信贷

银行信贷是地方政府的主要融资工具之一，它主要通过国家政策性银行或商业银行为城市基础设施建设提供项目贷款。日本在19世纪末20世纪初的城市化发展过程中通过信贷方式借款发展市区改建事业。

在中国并非所有的基础设施项目都可获得信贷资金支持。譬如，2010年国务院出台的《关于加强地方政府融资平台公司管理有关问题的通知》规定，中国地方融资平台公司必须有符合要求的项目支撑，才能获得银行信贷资金的支持。

（三）私人投资（或公私合营）

私人投资有利于将资金投入到最有价值的项目，并以最具成本效益的形式进行，如，提高基础设施投资效率，降低项目投资的风险。目前，私人投资基础设施获得了深远发展。比较流行的三种私人投资模式为 BOT（Build Operate Transfer）、PPP（Public Private Partnership）和 PFI（Private Finance Initiative）。BOT 模式指私人投资者（或联合投资者）从地方政府手中获得项目特许权后，经过建设、运营，以项目收费等方式收回融资成本，特许期结束后，无偿转交给地方政府。私人投资最初是以公私合营方式进行，称为公私合作伙伴。PPP模式为公私合营模式，由地方政府与私人公司合作共同建设公共项目，地方政府给予私人公司一定时期的特许经营权和收益权使公共项目有效运营。它已成为某些国家地方政府融资的普遍方式。当前，英国和葡萄牙超过五分之一的基建支出都是通过 PPP 模式筹资，加拿大的主要基建项目也是使用 PPP 模式的领导者，美国的许多州也在推行 PPP 和私人投资。

PFI 是应用得比较广泛的私人投资方式，1992 年首先出现在英国。它指政府部门对公共决策后的建设项目，以招投标方式，交由获取特许权的私人公司建设运营，到期时私人部门将项目完好地、无债务地交由政府，私人部门则从政府部门收取服务费用以回收成本。英国的大部分过境运输系统由私人公司经营，在特许经营权、契约以及管制等制度安排下，私人公司也收集固体废物并经营城市交通。

二、地方政府融资工具的比较

各类地方政府融资工具都有其局限性，相对而言，地方政府债券融资因其市场化、高资金配置效率而具有比较优势。

（一）地方税融资的限制

作为一种融资工具，地方税具有一定的合理性，但一方面，由于税收是外在强加给纳税者的，并没有尊重纳税者的自主选择权利，与现代文明社会的自由、平等原则相违背；另一方面，税收的局限性及其对社会经济体的负面影响，不仅破坏了帕累托有效原则，也损失了社会公平。地方财政受益模型中有一个简单明了的基本原则：谁从资本项目提供的服务中获得收益，谁就应当为所得到的服务付费。反之，那些未能从资本项目中获益的人不该为该项目承担任何费用。并非所有的资本项目都适合税收形式的融资。因为受益模型要求收益具有排他性，并能够明确识别具体的受益人。有些资产如供水、供气等可以清晰界定受益边界，不存在外部经济问题，且受益水平及成本可以准确测量和记录，因此便于进行收费或征税。有些资本项目的收益边界模糊，存在溢出效应、受益人不可识别等特质，设定特定税率并对资本项目进行成本补偿比较困难。若用税收作为融资工具，则违背了公平性原则，不适合用税收方式融资。

从经济学分析，征收地方税会引起交易双方利益共损。买卖双方对税收负担的反应是，卖方提高价格试图转嫁税收负担，而买方减少购买量降低对税负的承担。双方博弈的均衡结果是共同承担税负。如图3-2所示，假设征收地方税后，新的平衡点由点A移向点C，地方政府获得一部分收益，但三角形ABC面积表示的收益部分是买卖双方失去的且地方政府也未得到的收益，即纯粹白白损失掉了，经济学称之为无谓损失。如果无谓损失相当大，地方税融资就不具合理性。

菲歇尔说："收入是一系列的事件"。征税会引起商品相对价格的变化，通过价格传导机制引起经济体的一连串反应。价格变化导致供求改变，供求变化影响就业进而影响纳税者的收入水平。故而，地方税负扭曲了经济激励，会使经济活动缺乏吸引力，并诱使经济体转向闲暇等非生产活动，导致经济体产出能力下降。

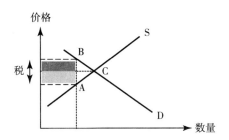

图 3-2 税收的无谓损失

注：图中深色阴影表示消费者剩余损失，浅色阴影表示生产者剩余损失。这两部分损失转化为政府的收益。

生产地方性公共物品存在机会成本，主要包括两部分：一是供给公共物品的资源用于生产私人物品的机会成本。如果私人物品是可替代的最佳用途，那么提供公共物品就是一种资源次优配置。二是征税的机会成本。税收法律法规的准备、执行、监督和修改所耗费的资源是非生产性的，成为生产性资源的机会成本。

征税体现了"现收现付"的特征，即现期的收益需要现期资金来支付，因此短期项目用征税的方法筹集资金比较合理，但是如果税收用于受益多年的资本项目，那就意味着现在的纳税人替未来的受益人付出代价，且不能从未来受益人那里获得补偿，这违背了"代际公平"原则。

（二）政府拨款与帕累托无效

政府拨款会扭曲地方政府的决策行为、降低资金的配置效率，并导致地区财政不平衡。

粘蝇纸效应是由美国爱德加·格雷利奇在他的论文《政府间拨款：经验实证研究的回归》中提出的。大意为：在长期，中央政府的拨款比减税对刺激受补政府支出的效应大得多。即，拨款的使用往往和地方预算紧紧黏合在一起，从而产生高水平的公共服务，因此粘蝇纸效应可能会造成地方政府投资决策扭曲。譬如，比例拨款一般要求地方政府按照上级政府的规定筹措资金，上级政府则支付固定比例的资金。这意味着公共产品或服务以低于市场价格提供，激励了地方政府对该类项目的投资，可能导致公共产品或服务的供给过量而使资源配置无效率。

在财政拨款的政治架构下，公共项目的增加或缩减不依赖于真实的成本收益状况，而取决于地方政府与上级政府间的讨价还价，拨款的规模和形式以及由此决定的公共产品或服务的范围和水平将由地方政府的谈判能力决定，导致某些处于不利谈判地位的地方政府会因财政能力不足放弃有益的决策项目。

对地方政府而言，中央政府拨款相当于一笔天外资金，地方政府不会考虑拨款资金的成本，致使对资本项目管理松懈，缺乏收回项目成本的积极性，资金使用效率很低。从资源配置效率考虑，一方面，在中央政府补助的刺激下地方政府一般都会扩张支出，将更多的公共支出引向受补助的公共项目中，导致公共产品供给结构失衡，受补助的公共产品超额供给，其余部分则供给不足；另一方面，公共支出增加的挤出效应使受补地方政府将更多的资金投向中央政府补助的非生产性项目上，造成私人产品供给不足。

财政拨款主要解决上下级政府间支出职责和收入能力的结构性失衡问题，也解决横向不平衡，即确保全国各地区都具备统一的最低限度的公共产品和服务标准。但实践中，某些政府拨款有时主要针对大城市的特殊需求，这将加剧地区间经济发展的不平衡，扩大地区间经济差距。

（三）地方政府债券融资的比较优势

相对于地方税费和政府转移支付，地方政府债券融资具有以下比较优势：

第一，有利于改进资金的配置效率和利用效率。首先，地方政府债券一般在全国的债券市场发行并流通，在市场竞争机制的作用下，地方政府会竞相提高市政债券收入资金的使用效率，并提高偿债能力；其次，来自地方居民的标尺竞争①将强化激励同级地方政府间相互学习和监督，提高行政效率和市政债券收入的使用效率，降低市政债券违约风险；再次，地方政府债券发行和管理制度内生于地方政府债券的经济效率，制度的完善过程就是债券收入使用效率的提高过程。

第二，为地方政府拓展债务管理和运作空间。首先，从时间维度看，地方政府债券一般为长期期限，可以调整的期限结构空间很大，因此可以根据财政能力的未来变动趋势设计合理的负债规模并选择合理的负债方式；其次，通过设计债券融资方式（如系列债券）避免集中偿债和一次性大额支出式的债务危机，使债务在偿还期平均负担；再次，由于可以用基础设施的运营收益来偿付部分债务，在很大程度上降低了地方政府的财政压力。

第三，公正高效。首先，资本项目的投资期长且受益惠及几代人，债券融资巧妙结合了未来的支付与未来的受益，使融资期限与使用期限相匹配，体现了"谁受益谁付费"的代际公平原则；其次，市政债券有"银边债券"之称，其信用级别仅次于国债券，具有较低的融资成本；再次，物价具有长期上升趋势，债务本息偿还的固定性会因通货膨胀而降低债券的融资成本，即长期债券的偿还价值可能要低于实际应该支付的价值；另外，债券融资的利息率一般为固定利率，减少了因资本价格波动造成的利率风险；最后，与转移支付和税收融资方式相比，上级政府试图通过行政程序干预下级政府的资金筹措规模或资金投向机会大大减少，并避免了地方政府设置征税机构、执行征税方案等一系列征税成本。

第四，在健全的债券市场上融资，能充分利用资本市场优势。债券市场具有市场的共性，即自由性、竞争性、平等性、契约性和法治性等。这将有利于资金的有效配置，有利于保护债权人的利益。另外，债券融资具有很好的市场适应性，可以根据市场供求双方的需要及项目本

---

① 标尺竞争是一种自下而上的竞争，指由于选民对有关地方政府行为的信息知之甚少，但选民会参考其他地方政府的行为评价自己所在地区的政府行为，地方官员了解这一情况后，会仿效其他地方的相关政策来发展本地经济。

身的特点设计债券的品种结构，体现了较强的灵活性。同时，二级交易市场的价格发现功能有利于债券定价，并提高债券市场的流动性。

第五，能够体现融资的可问责性和透明度。在地方政府编制的债券融资计划中一般需解释该融资项目的合理性，且该融资计划须公布于众，体现了较好的可问责性；另外，在地方政府债券发行实践中，一般要经过债券评级机构的评级，需要充分披露该地方政府的财务信息和该融资项目的相关信息等，可解决地方政府和居民之间的信息不对称。

第六，相对独立于金融市场，可免遭市场波动的负面影响。从宏观经济角度考虑，债券融资有助于地方政府在国内债券市场上解决地方经济和社会发展的资金缺口问题，避免受国际和国内金融市场波动的影响。譬如当股票市场出现较大波动而难以筹集资金时，债券市场则不受这种波动的影响，从而能够顺利为地方政府筹集大量资金。另外，在国内债券市场上融资，资金来源和受益主体均为国内债券持有者，避免从国际市场举债所导致的收益转移和外汇风险。

（四）银行信贷的制度约束

虽然银行信贷方便迅速，具有较大的灵活性，但由于基础设施的公益性和一定的非排他性，风险较高、周期较长、利润率较低的基础设施建设一般不会纳入银行贷款的选择范围。银行授信额度受制度环境的约束，分权式财政体制下，地方政府基础设施建设资金主要通过发行债券或股票从资本市场获得；高度集中的财政体制下，地方基础设施建设资金的不足可能会通过银行信用和政府担保获得，但是银行信贷资金的使用效率超出银行的控制，包括项目的合意性、投资的效率、风险控制等都是银行面临的巨大挑战。

（五）私人投资（公私合营）的优劣

私人投资的优势主要体现在两个方面。第一，私人投资具有选择资金净回报最大化投资的方法，可利用债券和股票创造资金满足市场需求。私人投资合同一般捆绑了私人部门对项目的建设、运营和维护，因此私人部门有动力最小化项目生命周期成本；第二，私人投资具有更高的施工效率。与典型的政府工作方式不同，私人企业在项目生命周期中承担了主要的金融风险，为降低成本，私人投资按时完成项目的可能性更高。William Reinhardt 指出，相比传统的政府合同，PPP 项目通常节约了 15％到 20％的资本成本。

尽管私人投资比起传统的政府项目具有绝对优势，但仍然存在一些潜在劣势。一是地方政府可能会以租赁现有资产的方式平衡政府预算赤字，如收费公路，且收费期限可能会超出合理区间，增加使用者的租金；二是决策者可能与私人公司合伙创造租金，进行利益输送。譬如签订不合理的合同，将利润分配到私人公司，将风险和可能的损失转移到纳税人身上。

第四节　地方政府债务效应分析

地方政府债务作为一种融资工具，具有公共性和融资性双重属性。从公共性来看，地方政府债务具有平衡财政收支，弥补财政赤字，以及参与公共项目和发挥宏观调控作用等功能，具有投资扩张效应；从融资性来看，地方政府债务规模扩张不仅扩张了货币信用，产生投资的杠杆效应，而且因为对有限资金的替代，导致微观经济主体信贷资金水平缩减的挤占效应。

一、地方政府债务的财政效应

地方政府债务收入的取得以还本付息为前提，在财政管理上，一般被视为非经常性收入，被独立于一般财政收入之外，用于平衡预算收支差额，弥补财政赤字。在资金运用中，资金来源与资金运用是相互联通的，且应保持顺畅流动，实现资金的进出平衡。地方政府债务收入的特殊性，在于地方政府债务发行构成政府的债务负担并对未来的预算收支产生影响。地方政府债务的偿还性要求发债主体必须在未来的偿还日期从财政预算收入资金中偿债，从形式上看，地方政府债务发行实质上是提前支取未来的税收收入。实际上，地方政府举债对未来财政收支的影响，应根据债务的性质和债务资金使用情况做具体分析。

（一）平衡财政收支

当前，以一般债务和专项债务形式存在的地方政府债务统一纳入全口径财政预算管理，具有平衡财政收支的效应。中国地方政府一般债务的认定依据《地方政府一般债务预算管理办法》（财预〔2016〕154号）第二条明确规定，"地方政府一般债务（以下简称一般债务），包括地方政府一般债券（以下简称一般债券）、地方政府负有偿还责任的国际金融组织和外国政府贷款转贷债务（以下简称外债转贷）、清理甄别认定的截至2014年12月31日非地方政府债券形式的存量一般债务（以下简称非债券形式一般债务）"。一般债务属于非收益性公共项目，一般债务收入应当用于公益性资本支出，不得用于经常性支出。一般债务本金通过一般公共预算收入（包含调入预算稳定调节基金和其他预算资金）、发行一般债券等偿还。一般债务利息通过一般公共预算收入（包含调入预算稳定调节基金和其他预算资金）等偿还，不得通过发行一般债券偿还。由于一般公共预算支出的资金来源是税费收入，专项债务的本金需要更高投资项目收益偿还，专项债务利息的偿还从公共基金预算中列支。因此，一般债务收入在一定程度上意味减少了政府对未来税收的可支配份额，需要提高纳税人未来的税负水平，具有消极影响，容易造成代际不公平。因此，在地方政府债务份额中，一般债务收入的份额相对较低。

（二）投资于公共项目

1. 投资扩张效应

当前，中国地方政府专项债务的认定依据《地方政府专项债务预算管理办法》（财预〔2016〕155号）第二条明确规定，"本办法所称地方政府专项债务（以下简称专项债务），包括地方政府专项债券（以下简称专项债券）、清理甄别认定的截至2014年12月31日非地方政府债券形式的存量专项债务（以下简称非债券形式专项债务）"。首先，专项债务用以安排收益性资本支出项目，资金收入以项目形式流入社会生产和再生产循环中,在债务存续期具有市场价值,可以作为债务偿还保证。其次,专项债务的投资项目具有一定的收益性而不构成地方政府的债务负担,能改善地方政府未来的收入状况。再者,投资项目能够改善地方区域的市场条件和经营环境,促进经济稳定发展,扩充税源,夯实税基,有助于未来财政需要的满足。

地方政府债务资金收入的一部分一般投资于公益性项目,很大一部分投资于收益性的重点领域、重点战略或重大项目为地方政府投资扩张提供融资支撑。譬如,"一带一路"建设、长江经济带发展、粤港澳大湾区建设、京津冀协同发展等重大战略性发展建设,为地方经济发展和国家战略投资服务,充分发挥社会主义集中力量办大事的制度优势。也有一部分投资于民生领域,譬如保障性住房安居工程、易地扶贫搬迁后续扶持、医疗健康、水电气热等公用事业,体现投资为了人民,为实现人民日益增长的美好生活需要目标服务。另外,地方政府债务资金的一部分投资于城镇基础设施、农业农村基础设施等领域以及其他符合条件的重大项目建设。无论地方政府债务资金投向领域如何,地方政府通过地方政府债务工具筹资,使地方性经济资源的配置不仅能够匹配国家战略规划,呼应民生需求和民生目标,也提高了地方经济资源优化配置能力,对基础设施的完善、经济结构的优化、产业结构的合理化,以及促进重点领域和重点产业的发展具有强力推动效果。

2. 引领扩张效应

地方政府债务资金发挥资金投向的引领作用,通过 PPP 项目将更多社会资源引入符合地方经济发展的轨道,实现地方政府债务的投资扩张效应。PPP 模式为公私合营模式,由地方政府与私人公司合作共同建设公共项目,地方政府给予私人公司一定时期的特许经营权和收益权使得公共项目有效运营。现在,英国和葡萄牙超过五分之一的基建支出都是通过公私合作伙伴关系,这已经成为某些国家地方政府融资的普遍方式。加拿大在主要基建项目上也是使用公私合营伙伴关系的领导者,美国的许多州也在推行 PPP 和私人投资。

私人投资方式中应用得比较广泛的是私人主动融资方式（PFI）。PFI 是英国 1992 年提出的，它指政府部门对公共决策后的建设项目，以招投标方式，交由获取特许权的私人公司建设运营，特许期到期时私人部门将项目完好地、无债务地交由政府，私人部门则从政府部门收取服务费用以回收成本。英国的大部分过境运输系统由私人公司经营，在特许经营权、契约以及管制等制度安排下，私人公司也收集固体废物并经营城市交通。

除了国防，美国大部分基建支出事实上是州、地方和私人性质的。2012 年，联邦非国防基建投资总额为 520 亿美元的直接支出和 960 亿美元的各州拨款。实际上，美国近几十年来基础设施投资绝大部分是由私人部门完成的。私人部门在基础设施（仓库、海港、铁路货运、炼油厂、输油管道等项目）上的支出是美国各级政府基础设施投资支出的四倍左右。若不计国防支出，则为五倍左右。

图 3-3 显示了固定投资总额数据，是对基础设施投资的宽泛统计。2011 年，私人部门投资额为 1.818 万亿美元，政府投资为 4 800 亿美元，扣除国防，政府投资仅有 3 720 亿美元。表 3-1 说明，近几年来，美国比较大的公共工程项目采取公私合营或私人投资的模式完成，公共工程的私人投资已经呈现明显的发展趋势。

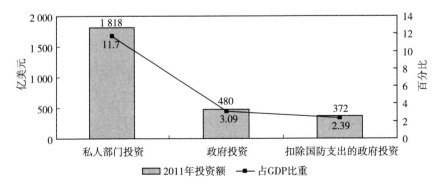

图 3-3　美国私人部门和政府部门的公共投资及其占 GDP 的比重

表 3-1　美国公私合营和私人投资公共项目案例

项目名称	项目成本		私人投资商	项目状态
	私人投资额	政府投资额		
联邦政府 NSA 犹他州数据中心	12 亿美元	0	DPR，Baflour Beatty Construction， Big—D Construction	2013 年建成
弗吉尼亚州首都环线	15 亿美元	5 亿美元	Transurban，Fluor	2012 年 11 月开通
弗吉尼亚州杜勒斯林荫道	3.5 亿美元	0	——	20 世纪 90 年代中期投入使用
弗吉尼亚州乔丹桥	1.42 亿美元	0	费格工程集团及其合作伙伴	2012 年开通
弗吉尼亚州中城隧道	21 亿美元	0	斯堪雅建筑集团，麦格理银行	在建
佛罗里达州棕榈滩垃圾焚烧发电厂	6.68 亿美元	0	KBR，Babcock &-Wilcox	2015 年投入使用

(三) 参与宏观经济调控

在经济增长速度下降时，地方政府以宏观调控为主要职能，地方政府债务是地方政府可以使用的主要政策工具。地方政府债务具有刺激地方经济发展、稳定增长、拉动需求的功效。地方政府一般会配合中央政府的财政刺激政策，通过政府债务工具获得地方政府配套资金，投资于地方公共项目，扩大财政支出，弥补发展短板，稳定经济发展，提高总需求水平和资源利用效率，发挥扩张性财政政策对经济的调节作用。实际上通过放弃财政平衡观念，主动调动财政收支对经济的支持作用，更好地发挥政府和市场共同调节经济的作用，进行逆周期操作，谋求经济稳定、可持续增长。但是，如果地方政府债务规模超出了经济可承受度，或者地方政府债务资金投向不合理，或者使用效益不佳，将成为债务危机的诱发因素，并可能导致通货膨胀，带来财政还本付息的沉重负担。

二、地方政府债务的货币信用效应

地方政府债务作为金融市场融资工具之一，是在政府"有形之手"的有效干预下得以发展完善的。地方政府债务工具的发展改变了金融市场结构，弥补了金融市场失灵，显著促进地区金融发展，虽然在不同金融发展水平的分位数上的影响系数存在显著差异，但总体上有利于实现金融资源优化配置。因此，从金融市场视角来看，地方政府债务规模内生地影响着货币信用市场，产生信用货币效应。地方政府债务的货币信用效用主要表现在两个方面：杠杆效应和挤占效应。

杠杆效应是指在既定的社会资金水平下，由于地方政府债务货币资金信用得到货币持有者的认可，促使货币持有者把流动性转化为地方政府债资产，并借助银行信用，导致流动性以放大倍率扩张，社会流动性增强的经济现象。地方政府债务的偿债主体是地方政府，具有较高的信用水平。相对普通储蓄存款的资金回报率而言，地方政府债务因较低的投资风险和较高利率价格，更容易吸引投资者，从而促使存款形式的储蓄资金转化为地方政府债务资金，成为公共项目融资的主要工具。同时，持有地方政府债务的债权人可以通过担保或抵押取得银行贷款，或者在交易市场开展回购交易，既能提高地方政府债务的流动性，也是一种极为重要的信用工具，有利于加速社会资金流动周转，达到货币投放增加和信用规模扩张的效果。

挤占效应是指在社会资金有限的情形下，因地方政府债务融资对信贷资金的吸纳挤占银行系统对微观企业主体信贷融资的经济现象。地方政府以举债方式吸引社会资金的同时，银行等金融机构的信贷资金会相应减少，导致金融资金主体结构和资金受贷结构发生变化，最终会导致地方政府债务规模与企业负债规模间的替代，当地方政府债务规模扩张时，企业负债规模将会相应缩减。即政府债务与企业信贷之间存在此多彼少的替代关系（Krishnamurthy A，et al，2012），地方政府债务对企业杠杆存在挤出效应（车树林，2020）。在需求竞争作用下，地方政府债务规模扩张促使企业负债水平降低,并在价格机制下推升企业债务成本(汪金祥,2020)。进一步研究发现,地方政府债务规模扩张对实体企业信贷融资的挤占效应具有异质性,对中小企业和非国有企业的挤占效应大于大型企业和国有企业(华夏、马树才、韩云虹,2020)。挤出效应对未来时期的影响在于,由微观企业投资减少导致的资本存量下降意味着经济体未来生产的产品和服务会更少,从而未来子孙的社会福利状况可能会更糟糕。

实际上,利用观察数据所做的经验研究是基于地方政府债务规模扩张的杠杆效应和挤占效应的综合结果。但在微观分析层面可能由于货币信用扩张途径不明晰,难以观察到货币信用扩张的杠杆效应,最终表现的挤占效应则相对容易观测。所以,对于地方政府债务规模扩张对信贷市场的具体影响和作用机制还有待进一步深究。

三、地方政府债务的若干负面效应

长期以来,地方政府债务对经济发展的作用存在争论。一方面,投资于高速公路、宽带网络或医院学校等实物资产而发行的地方政府债务会提高经济未来的生产率,从而提高家庭部门的工资收入,产生额外的收入用于偿还债务,总体上债务偿还不会对未来子孙带来负担。但另一方面,不断上升的地方政府债务带来经济负担,它的负面效应体现为再分配效应、负面激励效应和债务动态扩张效应。

(一)再分配效应

一般认为,地方政府债务须由未来额外收入进行偿还,对地方经济不造成负担。但是,居民在债权债务关系中身份的不同,可能会造成收入不平等的扩大。未来交税的居民与持有地方政府债务的债权人并不是同一微观主体。没有持有地方政府债券的居民在未来不得不以更高的税赋偿还地方政府债务的本金和利息,持有债券的居民获得的本金和利息支付比他们要交的税收要多。因此不断增加的地方政府债务涉及未来财富向债券持有者的转移。持有债券的人一般比未持有债券的人更为富有，所以不断扩张的地方政府债务导致了资产从相对贫穷者向相对富有者的转移和再分配，这会人为扩大收入不平等的程度。刘伦武（2018）实证研究支持了这一观点，研究结果显示，中国地方政府债务规模膨胀对收入增长和分配改善带来负向影响，收入水平高的群体从地方政府债务增长中获益较多，收入分配差距扩大，地方政府负债规模扩大将恶化居民收入分配结构。

（二）负激励效应

当前大量地方政府债务的高预算赤字增加了为偿还未来债务而提高未来税收的可能性。如果纳税人预期到更高的未来税收，地方政府债务的发行将会产生扭曲效应，导致未来经济运行偏离最有效率的经济轨道，这种偏离就是债务对经济带来的隐性成本。譬如，对于消费者而言，更高的未来税收会激励纳税人增加当前消费，减少资产节约数量，或者付出更少的劳动以规避更高的税赋。对于投资者而言，预期未来投资利得税的提高将会一定程度上降低投资者的投资意愿，资本存量和经济增长都会处于更低的水平。随着时间的推移，地方政府债务产生的税收楔子会降低经济效率，阻碍地方经济增长。

（三）债务动态扩张效应

很多国家的经济发展经验表明，过高的债务会导致恶性循环，使得财政政策实施起来非常困难。根据债务比率的演变规律，当一个国家债务比率过高时，为防止债务比率的增加，要求下期的基本盈余更多，或者更高的经济增长率。如果这些基本盈余和经济增长率出现不确定性，就可能导致更高的政治不确定性和对更高利率的追求。债务比率随时间演变的过程如式 3-1 所示。

$$B_t/Y_t - B_{t-1}/Y_{t-1} = (r-g) \cdot B_{t-1}/Y_{t-1} + (G_t-T_t)/Y_t$$

$$(3-1)$$

式中，B_t/Y_t 为 t 时期债务比率，B_{t-1}/Y_{t-1} 为 $t-1$ 时期的债务比率，r 为实际利率，g 为经济增长率，$(G_t-T_t)/Y_t$ 为 t 时期盈余比率。在基本盈余比率相对稳定时，利率的增加和经济增长率的下降都会使

$r-g$进一步增大，使得保持债务比率的稳定性更加困难。债务占 GDP 的比率越高，预期的债务偿还利率要求越高，导致对削减支出或增加税收的基本盈余的更高要求，对财政紧缩的措施可能使得经济增长率的下降，从而导致经济的非可持续循环，有可能出现急速扩张的债务动态化。从高债务比率降低到合意的债务比率需要一个漫长的过程。譬如，19 世纪初，英国抵抗拿破仑的战争结束时，英国的债务比率超过了 200％，它花费了 19 世纪的大部分时间来降低债务比率，到了 1900 年，债务比率终于成功降到了 30％。

式 3－1 对于地方政府债务同样适用。假设不存在债务向上转移的渠道，地方政府债务的过度扩张必然伤害地方经济的长期正常运行；即使存在债务转嫁的情况，个别区域地方政府债务规模过度扩张的危害可以通过国家财政转移支付得到抵消，不会对地方经济和国民经济的正常循环带来实质性负面影响。但是如果这种情况成为普遍现象，必然危及国民经济的稳定运行，导致经济衰退甚至萧条。

第四章 中国地方政府债务规模扩张机理

中国地方政府债务规模扩张机理是由其制度体制环境内在规定的。现有行政体制下，地方政府作为中央政府的派出机构，与中央政府之间存在典型的委托代理关系，容易产生道德风险，并具有向上转移地方债务的动机。在财政分权和绩效考核机制下，地方政府官员不仅有强烈的投资扩张动机，而且具有通过经济发展绩效获得晋升等非经济目标的动机，在投资驱动和利益驱动共同作用下，地方政府债务规模得以不断扩张。

第一节 "委托代理"关系假说

就地方政府债务而言，在地方政府和当地居民之间存在两类委托代理关系。一是债权债务层面的委托代理关系，二是公共政策层面的委托代理关系。地方政府依凭中央政府的"父爱心理"，具有向上转移地方政府债务的典型动机，导致地方政府债务规模人为扩张。同时，作为公共政策垄断者的地方政府，会有意识地运用公共债务追求预算收入最大化，导致地方政府债务规模的内生性扩张。

一、委托代理关系模型

典型的委托代理关系是这样定义的：当一个当事人 P（委托人）从另一个当事人 A（代理人）的行动中获益，采取这个行动对 A 是有成本的，并且受制于一个不可以无成本执行的契约时，称 P 为委托人，

A 为代理人。其中，P 是 A 的行动结果的剩余索取者，意味着 P 的所有契约义务得到履行之后，A 的行为影响着 P 的福利水平。由于 A 的行为超出 P 的监督之外，或者监督成本奇高，A 的行动是否符合 P 的利益，或者 A 是否能够按照 P 的预期行为，完全不在 P 的掌控之下，这个时候委托代理问题就产生了。委托代理问题的充分必要条件时是：委托人和代理人之间存在利益冲突，且契约的某些方面不可以无成本执行。契约的完全执行问题取决于信息和制度。由于在交往过程中双方的结构位置不同，一方当事人掌握的信息不被另一方所知，产生信息不对称。一般而言，代理人比委托人了解更多信息，有可能按照自己的利益行事并忽略委托人的利益，譬如存在偷懒、欺诈等机会主义行为。可以理解为，信息不对称和契约不完全性导致了委托代理问题的产生。

二、地方政府债务的委托代理问题

地方政府债务的委托代理问题牵涉到两种商品或服务，即债务和公共政策，由此形成两类委托代理问题：一是有关债务偿还的发生在地方政府和当地居民之间的委托代理问题；二是有关公共政策选择与实施的委托代理问题。

（一）债权债务关系下的委托代理问题

地方政府债务引起的委托代理问题即债权债务关系发生在地方政府和当地居民之间。居民委托地方政府通过举债产生的资金为当地居民提供可欲的公共产品或服务。债务到期时地方政府按照契约规定清偿本金和利息，也可以发行地方政府再融资债券，延期清偿地方政府债务。由于地方政府是非生产性机构，无论到期时采用即期清偿或延期清偿方式，最终实际负担债务的主体是地方居民。因此，这种委托代理关系存在于地方政府和当地居民（更准确地说是纳税人）之间。地方政府债务资金收入在使用期间存在诸多不利于债权人的因素。譬如，项目可能由于特殊的不可预期的原因而暂停或终止、地方政府财政入不敷出、工程延期、项目超出预算、项目实际收益率太低等，但代表公共利益的地方政府并不会真实关心债务资金的使用效率，可能滥用资金滥发债务，导致地方政府债务的实际发行规模大于理想规模。这类委托代理关系是从债权债务层面分析的，地方政府的公益形象降低了其承担债务违约风险的动机，这为地方政府债务规模扩大提供了前提条件。

（二）公共政策层面下的委托代理问题

所谓公共政策，国内外学者对它的探讨、界定颇多。从集体选择角度分析，戴易认为，"公共政策是一个政府选择要做什么，或者选择不要做什么"。这个定义偏重于从公共选择视角理解公共政策的首要任务，具有经济学含义，即选择有效配置资源的路径。从公共政策层面而言，地方政府在提供公共产品或服务时首先面临如何选择的问题，即选择什么样的项目作为投资对象。地方政府的选择不同于市场上的私人选择，选择什么、如何选择不受个人偏好和个人财力等许多个人因素影响，地方政府的选择是公共选择，是集体选择。集体选择比单纯的私人选择复杂，决定选择行为的维度多元，譬如，意识形态、投票规则、利益集团的博弈、地方财政能力等。集体选择中人们会通过政治程序来决定公共物品的需求、供给和产量，对资源配置的决策方式属于非市场决策。公共选择的合理与否不仅影响个人收益，而且关系到资源配置效率，进而决定公共群体的福利水平。即使生产过程是富有效率的，如果生产了社会不需要的东西，就会造成对经济资源的错配和浪费。一个有效率的经济体，不仅能以相对较低的成本来生产，而且生产的东西是市场可欲的，与消费者的意愿一致。按照科斯提出的第一效率原则，经济效率要求生产每一单位产品的技术成本和交易成本之和最小。技术成本就是新古典经济学所定义的生产函数，是由生产的技术因素决定的成本，交易成本由制度环境决定，在给定的制度约束下，交易成本基本是既定的，因此在自由交易市场下，决定生产成本大概率是由生产要素的成本决定。但是如果政府进入资源配置领域，且运用行政力量调节资源配置，政府决策就成为一个重要的影响生产成本的因素。政府决策的首要环节——公共决策将会直接影响资源配置的方向，如果公共选择出现错误，无论后续的政策实施过程如何完美无缺都将导致低下的资源配置效率。公共选择的特性在于其公共性，是为解决公共问题，实现既定公共目标，体现某一公共群体的公共利益。政府对资源的配置是通过完全不同于市场经济体制的威权体制实现的，这种方式的有效，在于其作为弥补市场失灵的集中决策，是一种次优机制，但它在市场之光照耀不到的公共领域是有效率的。地方政府债务决策是一个公共选择问题，地方政府债务举借与否、举借规模、筹集资金投向等一系列决策是公共政策的选择结果，直接由公共选择决定。从这个意义上而言，地方政府债务问题是公共政策层面的委托代理问题。在公共政策的委托代理关系中，委托人是当地居民，代理人是公共权力的占有者——地方政府官员。由于公共政策是由地方政府机构和地方政府官员制定的权威性行动方案，公民无从获取相关信息并实施有效的监督，因此，有关地方政府债务的公共决策有可能偏离公共利益而倾向于地方政府或地方官员的个体利益，从而产生公共政策层面下的委托代理问题。

三、委托代理关系下地方政府债务规模扩张机理

分税制改革后，地方政府财权和事权的不对称给地方政府积极参与地方经济发展的公共投资带来财政压力，由于相对征税而言，负债具有更多融资优势（毛寿龙，2005）。譬如，丰富地方政府融资手段、满足公共需求，以及化解地方财政风险等，地方政府更青睐于地方政府债务融资工具。

（一）债权债务层面地方政府债务规模的扩张机理

在债权债务层面，地方政府和居民间的委托代理关系分为两个级次，由于地方政府处于公共利益代理人地位，在两个级次序列中都处于信息优势端，从而这两个级次的委托代理关系都蕴含着地方政府债务规模扩张的内在机理。第一级次存在于地方政府和债权人之间。地方官员作为地方政府的决策者直接掌控辖区内的经济资源和公有企业（周黎安，2007），成为推动经济增长的主要力量（Wakler，1995）。地方官员

代理公共利益，以债权人不可觉察的方式依赖地方政府债务融资，由于公共投资效率并不是地方官员投资决策追求的目标，且无论公益性还是收益性的公共项目投资，地方政府债务违约于地方官员而言难以构成实质性威胁。有两个方面的情形迫使地方政府官员追求地方经济快速增长。一方面，地方官员存在更多的追求晋升动机，而不是专注于投资效率。GDP 增长率是地方政府官员晋升的主要考核指标，以地方政府债务为融资工具扩大公共投资成为地方政府促进经济增长的主要途径。另一方面，地方官员为在地方竞争中胜出，以可见的先行指标——地方 GDP 增长率为主要目标，从而取悦上级，提高晋升胜算的概率。郑威、陆远权等（2017）研究发现，中国地方政府竞争与地方债务规模存在全域范围的正的空间自相关性，并且局域性空间集聚特征也尤为明显；不论是税收竞争还是引资竞争，均显著地促进了地方债务规模的增长；相邻地区的地方政府竞争对本地区地方债务规模存在显著的空间溢出效应。因此债务人存在扩大地方政府债务规模的内在冲动是确定无疑的。债权人预期地方政府债务虽然有违约风险，但终可以得到有效化解，在相对收益较高且风险概率几乎为零的情况下，债权人具有强烈的举债倾向。于地方政府债务双方而言，都存在各自的利益，在双方利益驱动下共同推动地方政府债务规模的扩大[1]。具体的作用机理如图 4-1 所示。

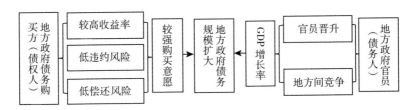

图 4-1　债权债务层面地方政府债务规模扩张机理

---

[1]　2015 年新预算法实施后，为防范地方政府债务风险，地方政府发债规模受到明确限制，显然超出了本文的论述范围。

如果地方政府债务违约，地方政府会利用中央政府的"父爱心理"，将债务转移给中央政府，第二级次的委托代理关系因此产生，委托方是中央政府，代理方是地方政府。地方政府存在将债务推移给中央政府的可能，在示范效应下，地方政府债务规模扩大带来的风险最终成功转嫁给中央政府。中央政府承担最终债务偿还人角色时，会影响到中央政府宏观调控能力和收入分配职能的实施。在一国应债能力一定时，接收承担地方政府债务的中央政府可能受制于应付债务偿还而缩小财政政策和货币政策的调控空间；在国民收入水平一定时，地方政府债务上移挤占了中央政府实施收入分配政策的财力。在中国当前的制度环境下，即便有诸多规章条例和法律条文限制了地方政府的发债能力，但一旦地方政府债务风险发生，向上级政府转移债务的可能性大概率存在。首先，由于历史和文化因素的影响，地方政府长期以来缺乏地方自治的传统习惯，形成了依赖中央政府的心理定式，进一步强化了地方政府债务向上转移的机制。从地方政府角度看，转移债务是理性选择，公共性的债务危机不单单是地方政府的职责，中央政府有义务伸出援助之手，帮助地方政府渡过难关；但从中央政府角度看，接受地方政府债务实质上是一种负和博弈。其次，中国政治体制为单一制，地方政府是中央政府的派出机构，不具有独立性。如果地方政府陷入债务危机，中央政府不会袖手旁观，会出于"父爱心理"搭手相救。地方政府窥探到中央政府的心理，会进行逆向选择，具有强烈的扩大地方政府债务规模的动机，用这种低成本的方式向中央政府争取财政资金分配。

（二）公共政策层面地方政府债务规模扩张机理

虽然公共政策是公共权力机构为解决公共问题实现公共利益而制定的，尤其对宪政国家而言，地方政府的权力来自当地居民的同意和授权，地方政府存在的合法性在于满足公众需求并实现公共利益。但是，在实践上，在缺乏有效监督和制约机制体制环境下，地方政府的公共政策选择很大程度上受地方政府官员的自利和偏好等个体因素的影响。理性选择学派从"经济人"特性出发研究地方政府的行为特征，发现地方政府官员具有自利性并试图谋求自身利益最大化，而不是以追求公共利益作为公共政策目标。即，地方政府更多关注地方政府系统的需求和满足，包括地方政府的权力和权威，地方政府官员的业绩、形象和声誉，地方政府办公大楼的豪华舒适、工作条件和环境的便利怡人，以及地方政府公务人员的高工资与高福利等。因此，在地方政府发债决策的公共政策阶段，由于政治过程的不完全性，地方居民无从知晓发行债务的决策依据和债务资金收入的投向等问题。再者，由于搜寻信息需要花费很高的边际组织成本，且得到的边际收益非常有限，当地居民宁会合理保持"理性无知"，缺乏监督地方政府官员的动机，从而容忍公共政策可能出现顾及公共利益的同时偏向地方政府官员个人利益的结果。地方政府官员处于公共政策决策的垄断供给者的位置上，具有偏离公民——纳税人预期愿望的前提条件和控制能力。在制定公共政策时会更多倾向于预算最大化。即，地方政府的公共政策目标可能不符合仁慈的公共利益模型，可能与收入最大化的利维坦模型一致。此种政府运行模型基于以下假设，"利维坦利益"即收入最大化的因素，是从整个政府决策者集合内部的互动中产生的，即使没有人明确地把最大化收入设定为他自己的行动目标。如果这个假设成立，地方政府债务作为税收的有效替代工具甚至优于税收手段，其规模扩张符合政府的理性行为逻辑。

第二节　混合驱动假说

从动力机制而言，地方政府债务规模扩张由双重机制驱动，即外部的投资驱动和内部的自我利益驱动。外部投资驱动来自城镇化、工业化建设过程中经济发展对公共投资的巨大需求，内部利益驱动来自既定财政管理体制下的预算最大化目标。

一、投资驱动假说

（一）投资驱动假说的理论基础

1. 瓦格纳模型

德国经济学家阿道夫·瓦格纳（Adolf Wagner）在 19 世纪 70 年代就明确提出，随着工业化和城镇化的不断发展，公共部门的相对规模也随之扩大。瓦格纳提出，工业化和社会分工的不断发展，市场主体关系日益复杂，商业法律和契约成为必要，需要司法制度的建立和运行；城市化和生活密度的提高导致的外部性需要政府干预，人口的集中需要政府提供更多的公共产品和服务。同时，人均经济生活水平提高后，由于"仓廪实而知礼节"，会引起社会进步的要求，这种要求不仅体现在对交通、电力等构成一般生产条件的生产性基础设施需求的快速增长，也包含了人们对医疗、教育、文化等生活性基础设施需求的不断增长。

2. 政府增长的发展模型

马斯格雷夫（Richard Abel Musgrave）和罗斯托（W·W. Rostow）的经济发展模型刻画了公共投资的增长与政府在经济发展各个不同阶段的关系，为经济发展的公共投资驱动提供了理论基础。在经济增长和发展的早期阶段，政府投资在社会总投资中所占比重较高，因为在经济增长的起初阶段，全部社会基础设施需要投资新建，这些投资主要是为经济社会发展提供必要的社会基础设施。譬如，交通系统、卫生医疗系统、法律司法警察系统和公共教育系统等，这些基础设施对于一国经济起飞具有重要作用。

3. 皮科克和怀斯曼模型

皮科克和怀斯曼（Peacock and Wiseman）理论的前提假设是：政府愿意支配更多的预算，居民偏好政府提供的公共产品和服务但讨厌缴纳更多的税赋，政府的公共决策受纳税人影响，存在对政府行为构成约束的、社会可容忍的税赋上限。如果税率确定于上限水平，公共支出的绝对规模会随着 GDP 同步增长，相对规模保持基本稳定。但在经济下行压力下，由于"替代效应"的存在，政府将增加公共投资替代私人投资。当经济发展稳定后，纳税人对税率水平上限的容忍度提高，这样的经济周期反复几次后，表现为可容忍税收水平的永久上移，出现"检验效应"，这种效应指纳税人认识到非常时期政府投资支出扩大的必要性，可容忍税收水平随之上移和政府提供的公共产品和服务规模扩张，如此政府投资支出增长就具备棘轮效应，临时性的政府投资增加可能具有持续性。

（二）投资驱动假说的现实依据

"纵观各国的历史和现状，可以观察到，政府主导的经济体都偏爱投资，都以投资拉动增长，包括都偏爱基础设施和工业大项目投资。苏联计划经济体制下如此，中国计划经济时期和目前的市场经济体制下亦如此"。当政府官员掌握资源并控制资源配置时，往往有动力将资源配置在公共基础设施项目上，不仅是容易看得见摸得着的"政绩"，而且容易带动经济增长，有好看的 GDP 增长率。地方政府难以通过税收一次性筹集数额庞大的资金投入基础设施建设。而且，除了一部分投资可以在当期得到补偿之外，其余大部分投资只能随着这些固定资产的使用以折旧的形式分期收回。因此，通过举债发展和兴建当地的基础设施，并以当地财政收入分期偿还负债的本金和利息就有了其合理性，使用得当不仅不会引发债务危机，而且可以促进当地经济的快速发展。社会基础设施投资的基本特征是投资额大、回收期长，追求短期获利的私人投资不愿涉及导致私人投资不足，因此政府公共投资对于促进一国经济迈向中等发达阶段是必不可少的。基础设施投资的最重要特征是当期一次性资金价值投入，其使用价值在后期逐年消耗，大部分资金本期得不到补偿，举借长期债务比较匹配。从税收的代际公平来看，如果采用当期税收收入投资建设，一是不可能短期筹集到公共投资建设所需的巨额资金。二是即使当期税收足够，也不符合税收支出与收益的代际公平原则。在此情景下，政府举借债务反而符合社会公平原则。概而言之，政府在投资社会基础设施时因财政收入入不敷出和资金期限不匹配等问题，由地方政府通过扩张债务规模推动当地基础设施所需的大量投资具有合理性。

我国经济起步于落后的农业国，工业底子薄，基础设施建设严重滞后，地方经济发展受到极大制约，地方债务正是在这种背景下逐渐形成的。2013年审计署的审计结果表明，在地方政府的10.89万亿元的直接债务中，用于市政、交通、水利、保障房、教科文卫等基础性项目的支出达到8.78万亿元，占直接债务余额的比重达到86.77%。这些负债在加快当地基础设施建设和推动民生改善等方面起到了的重要作用，促进了当地经济社会的快速发展。实证研究发现，地方政府债务发行与当地经济发展具有强相关性（马金华、刘锐，2018）。在经济下行压力加大时，依靠举借债务，拉动基础设施投资的传统"稳增长"政策更为重要。因此，通过负债来完善地方基础设施、加快地方经济社会发展、稳定经济发展是一件好事。

二、利益驱动假说

（一）利益驱动假说的理论基础

1. 财政幻觉理论

该理论提出立法机构可以利用纳税人对真实的赋税方案、债券的全部影响的"理性无知"而在政府真实规模上欺骗选民的假说。由于纳税人并不真实了解政府提供的公共产品和服务的真正价格，一般会低估政府投资所提供的产品或服务成本，造成对政府投资的过度需求。受财政幻觉支配的地方居民要求政府扩大投资规模和服务范围，导致政府投资规模增加。纳税人一般是通过纳税规模来衡量政府规模的，如果地方政府欲以增加投资，纳税人表现出一定的抗拒，地方政府会通过伪装的方式制造财政幻觉，地方政府债务就是在不增加当地居民当期税赋水平时扩大政府投资的有效方式。

2. 尼斯康宁模型

该模型提出官僚机构可能会利用其拥有的公共投资的成本函数信

息，并利用信息不对称，追求预算收入最大化[①]而使政府利益增长。公共选择理论中一个重要假设是地方政府有其自身利益，是追求效用最大化的，表现为追求各种非经济目标。由于官僚效用函数中许多项目与预算规模直接有关，一般认为官僚机构的效用最大化是通过追求预算规模最大化来实现的。官僚机构要将他们的权力转化为收入会遇到法律上的约束，没有追求效率的外部激励，也缺乏追求效率的内在动力，非经济目标成为官僚部门合乎逻辑的追求目标。这些非经济目标包括：薪金、津贴、公共声誉、更多闲暇和更大的影响力、权力、任免权、管理该部门的自豪感等。政府官僚工资的增加、奢华的办公条件、特权和接受贿赂机会的增加、社会地位的提高、更多显示特殊地位的机会、更多在公众视野刷脸的机会均与更大规模的机构和更大权力有关，这些非经济目标均与预算规模有单调正向的关系。

（二）利益驱动假说的现实意义

1. 晋升激励下的地方政府债务规模扩张

在我国现行财政管理体制和以相对绩效为核心的地方政府官员的晋升考核机制下，地方政府有强烈的债务融资动机，且受到当地居民的支持。对地方居民而言：一方面，地方政府举债可以推动更多的公共投资而不增加纳税人当期的税赋负担，纳税人反而会从政府公共投资获得再分配效应，中低收入纳税人可以得到多于其纳税额的经济资源，是一种净分配所得；另一方面，在我国地方政府还不存在破产制度的环境下，即使地方政府到期难以偿还债务，当地居民理性认为中央政府会给予无偿援助，对地方债务进行"兜底"。因此，地方居民会比较期待地方政府以发债形式进行地方公共融资，从而地方政府发债行为能获得当地居民的支持。对地方政府而言：一方面，发债融资是提前预支未来的纳税权投资当前的公共项目，而负债的本金和利息在未来以分期偿还的方式

---

① 詹姆斯·布坎南指出追求效用最大化是政府官僚的行为准则，具体表现为预算规模最大化目标。

相对平滑地分摊在不同年份，对本届政府不会带来太大的偿债压力。另一方面，在严格的银行贷款融资限制下，地方政府不仅受到贷款限额约束，而且交易成本相对较高，对融资的主动性和掌控能力都超出地方政府的能力之外，容易受到掣肘。综合权衡和考虑，债务融资不失为一种低交易成本、把握主动权且自由度较大的融资方式，广受有限任期下地方政府的青睐。最重要的是，地方政府官员追求的重要目标之一是晋升成功，由于经济增长会量化到地方政府官员的考核业绩，出于任免考虑，为在绩效考核中显示任期内的努力程度，提升地方官员晋升的概率，地方官员倾向于选择地方政府债务驱动的经济增长模式。

2. 财政收入激励下的地方政府债务规模扩张

在中国财政分权体制下，地方政府通过债务规模扩张推动经济增长动力强大。地方经济发展得越好，财政收入越多，地方政府决策余地愈大。在财政收入激励下，地方政府争夺流动性要素的意愿非常强烈。为改善营商环境，地方政府可能通过投资基础设施建设和招商引资两种方式进行，以低廉的土地价格或减免税优惠政策吸引商业投资是地方政府的惯常做法。出于地方财力限制，只能通过地方政府债务工具弥补投资缺口，引资竞争使得地方政府债务规模不断攀升，对于经济发展落后地区而言，积累的地方债务很难通过税源开发得到偿还，地方政府债务风险会不断积累，为分摊风险，地方政府会发行更多债务来扩大债务规模。对于经济发达地区来说，完善的市场环境和丰富的税源收入使其具备更多优势，在基础设施建设与土地价格的正反馈作用下，可以通过土地增值效应化解地方政府债务，将债务风险控制在可承受范围内。因此，地方政府有底气和实力扩张债务规模。

三、混合驱动假说下地方政府债务规模扩张的机理

地方政府债务规模扩张是投资驱动和利益驱动双重作用的产物。对地方经济发展而言，假设所有的公共投资都是有效率的，则工业化和城镇化激发出巨大的公共投资需求，为地方政府官员制造了提升绩效的机

会。首先，公共投资所形成的公共工程或基础设施从物质上满足了地方经济的"发展形象"和上级政府的考核要求，可以为地方政府官员顺利晋升增添筹码。其次，公共投资不仅是地方经济持续发展的基础，而且其本身就是经济发展，推动当地居民就业率和生活水平的提高，可以成为地方经济发展的显性政绩。再次，公共投资带来的交通、信息和通信便利等优良的营商环境和低交易成本，将吸引外部经济资源争相流入当地，形成良性经济增长循环，提升地方政府官员的相对绩效。在相对绩效考核机制下，公共投资扩张将为地方政府官员晋升铺就快车道，这符合地方政府官员所追求的非经济目标动机。在地方政府融资约束和财政收入约束下，扩大地方政府债务规模为地方公共项目融资提供合理的选择。

追求预算收入最大化的地方政府官员，在薪金、津贴、公共声誉、权力、闲暇、地位等非经济目标的诱惑下，通过扩大公共支出规模不断提升地方的辐射能力和影响力，借以强化非经济目标的实现。在跨年度预算平衡机制①实施前的单一年度预算平衡机制约束下，弥补公共收入不足的主要途径就是发行地方政府债务规模，而在替代效应和棘轮效应的作用下，地方政府债务规模呈现出日益扩张的趋势。混合驱动机制下地方政府债务规模扩张机理如图4-2所示。

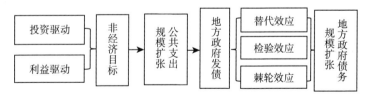

图4-2　混合驱动假说下地方政府债务规模扩张机理

---

① 根据《国务院关于深化预算管理制度改革的决定》（国发〔2014〕45号），其中涉及地方政府预算跨年度预算平衡机制的内容有：地方一般公共预算收入中如出现超收，用于化解政府债务或补充预算稳定调节基金。政府性基金预算和国有资本经营预算如出现超收，结转下年安排。《预算法》（2014年修正）第十二条提出：各级政府应当建立跨年度预算平衡机制。

第五章　地方政府债务规模
扩张的影响因素

  2014 年新《预算法》出台标志着我国对地方政府债券的管控从软性约束的政策层面走向硬约束的规范制度，使得对地方政府违规举债的监控和风险防范有了具体法律法规参考，但统计数据显示，地方政府债务规模扩张的速度并没有因法律法规的制约而有所缓和。"至 2017 年 3 月底，审计的 16 个省、16 个市和 14 个县本级政府承诺以财政资金偿还的债务余额，较 2013 年 6 月底增长 87％，其中基层区县和西部地区增长超过 1 倍；7 个省、6 个市和 5 个县本级 2015 年以来，通过银行贷款、信托融资等形式，违规举借的政府承诺以财政资金偿还债务余额高达 537.19 亿元。"地方政府债务规模扩张的影响因素是什么，这些变量之间是如何作用的。本章主要从城镇化水平、经济周期方面探究地方政府债务规模扩张的经济原因，同时还从微观行为和制度层面探索了地方政府债务规模的限制性因素。

第一节　城镇化水平与地方政府债务规模扩张

  城镇化水平是现代国家工业化水平的重要显示指标，工业化程度越高的国家，其城镇化水平越高。这就意味着，城镇化水平实际上可以用来对一国经济发展程度进行测量。历史和实践经验表明，发达国家在城镇化发展过程中经历的正是地方政府债务规模扩张阶段。因此，有必要从实证层面探索我国城镇化水平与地方政府债务规模扩张之间的关系，为政府制定地方政府债务管理政策提供科学依据。

一、文献回顾

地方政府债务规模一直是我国金融风险监管的重点。我国对地方政府债务的管理经历了严格控制、适当放开（导致债务大规模膨胀）、限额管理三个阶段。近年来，由于城镇化快速发展以及地方需求扩张对地方政府债务的高度依赖，地方政府债务积累总量不断创新高。为防范地方政府债务引发系统性风险，自 2010 年始国务院和财政部多次发文加强对地方政府债务的管理，试图控制地方政府债务规模膨胀。2014 年实施的 43 号文在赋予地方依法适度举债权限的同时，提出把地方政府债务分门别类纳入全口径预算管理，明确对地方政府债务规模实施限额管理①，并剥离地方融资平台公司政府融资职能。为贯彻落实 43 号文，财政部同年印发 351 号文，推进地方政府存量债务的清理甄别。2015 年新施行的《预算法》规定地方政府只能通过发行地方政府债券的方式举借债务。虽然地方政府债务管理的完整制度框架已基本形成，地方政府债务风险化解方面取得了阶段性成效。但是，近几年，还存在部分地区地方政府债务增长过快和违法违规举债担保现象，以及一些地方政府和社会资本的合作项目不规范等问题。地方政府债务问题引起国内外学者的普遍关注，并开展了富有成效的研究，成果颇为丰硕。

（一）制度因素

国内学者对地方政府债务的早期研究始于 1994 年分税制改革，此后从制度层面探寻地方政府债务规模扩大的因素，主要观点如下：

1. 财政分权体制下的预算制度软约束

Akai 和 Sato （2008），Bordignon、Manasse 和 Tabellini （2001）认为，无论是出于"大而不倒"还是"多而不倒"的原因，上级政府救助陷于财政困境的地方政府行为，导致了地方政府举债中的预算软约束

---

① 全国人大常委会批准通过，2015 年地方政府债务限额为 16 万亿元。

问题。政府间财政关系及预算软约束引起的地方政府财力减少和支出扩张，是地方政府债务持续膨胀的主要原因（张强、陈纪瑜，1995；贾康，白景明，2002；杨志勇，2009）。周航、高波（2017）提出，在财政分权体制下，地方政府天然具有举债冲动，中央政府和地方政府的博弈结果显示，只要中央政府的政策目标需要依靠地方政府通过增加公共支出实现，预算软约束就会发生，中央政府就会增加地方政府举债的补贴水平。李尚蒲、郑仲晖和罗必良（2015）认为产生预算软约束的资源环境以及土地要素和信贷资源是地方政府债务膨胀的主要原因。因此，在预算软约束制度下，存在典型的"会哭的孩子有奶吃"现象，地方政府举债越多，中央政府补贴也越多，导致地方政府举债竞争。

2. 土地财政制度和公共服务制度变迁

戴双兴、吴其勉（2016）提出，包含土地出让金和房地产税的土地财政是导致地方政府债务规模扩大的重要因素，而且土地出让金对地方政府债务规模的推动作用更大。赵丽江、胡舒扬（2018）认为我国地方政府债务的生成和大规模扩张的根本原因是经济体制和政治体制的改革，直接原因是由公共服务制度变迁引起的。

（二）经济和财政因素

如果制度性因素既定，地方政府债务规模会受经济和财政因素（Skip Krueger、Robert W，2008）的影响。主要包括：金融租金竞争（时红秀，2005）、政绩考核制下的固定资产投资动机（张文君，2012）。洪源和秦玉奇等（2015）研究发现，公共投资类需求对债务规模的回应最直接。类承曜认为，政府主导型的经济发展方式是我国近年来地方政府债务迅猛增长的主要原因。由于缺乏严格的债务举借审批、使用监管和偿还约束等规范制度，从而无法有效控制地方政府债务规模盲目扩张（杨灿明、鲁元平，2013）。Cai 和 Treisman 认为地方政府间竞争促使地方政府降低税率、增加基础设施支出，最终导致地方政府举债过度。马金华、刘锐（2018）指出，中央地方财政分配关系不合理、地方税体系不完善都是地方政府债务规模膨胀的主要成因。

（三）地方政府运行机制

除了从制度、经济和财政因素进行分析外，有学者另辟蹊径，从地方政府运行机制方面寻根溯源。这些研究关注的主要对象包括管理绩效因素（Dwight V. Denison，Wenli Yan & Zhirong Zhao，2007）、地方政府与上级政府及本地公众的双重委托代理关系（陈会玲，2012）、地方政府的激励约束机制（刘煜辉，2010），以及市政债务限额（Johann Bröthaler，Michael Getzner，etc，2015）等。有学者认为 2008 年金融危机以来宽松货币政策的刺激加速了地方政府债务规模扩张（龚强、王俊、贾坤，2011）。郑威、陆远权等（2017）研究发现：在我国财政分权体制与政府晋升考核机制背景下，中国地方政府竞争与地方债务规模存在全域范围正的空间自相关性；不论是税收竞争还是引资竞争，均显著地促进了地方债务规模的增长。

（四）政治、民主因素

国外学者从政治层面最早探讨地方政府债务规模扩张的成因。研究关注政治腐败（Depken & Lafontaine，2006）、分治政府和政治更迭（Feiock，2008）。罗党伦、佘国满（2015）研究发现由官员政治更迭引发的不确定性会限制降低城市的发债概率，并减少发债规模。

吕健（2014）认为，中国经济转型的深入使得经济下行压力不断增大，地方经济发展更加依赖于政府的固定资产投资，政绩竞赛所带来的特殊的政治激励让地方政府具有"加杠杆"冲动，主动以地方债为工具筹集资金用以投资拉动经济，从而导致债务增长。刘子怡、陈志斌（2015）主要研究发现，内部激励因素（信号传递激励）和外部压力因素（政府治理因素）均会对地方政府债务规模扩张产生影响，并且腐败程度越高、财政透明度越低，地方政府债务规模越大；财政分权程度越低、晋升激励越高以及经济发展水平越高，地方政府发行债务的规模越大。

直接的民主权利和高度的财政自主权（Lars P. Feld，Gebhard Kirchgässner & Christoph A. Schaltegger，2011）等对地方债务规模存在影响。有研究成果表明，即使政府缺乏耐心，积极政府债务也是最优的；

反之，若对政府债务实施广泛而持续的限制，即使最具耐心的政府其积极政府债务的最优性也会丧失（Michael Kumhof & Irina Yakadina，2017）。

（五）对城镇化的相关研究

对城镇化的研究主要聚焦于城镇化的资金来源（厉以宁，2010）城镇化的运营效率（吴敬琏，2013）及城镇化的公共财政资金配置效率（张德勇、杨之刚，2005；贾康、刘薇，2013）等方面。有学者对城镇化与财政的相互关系进行实证研究，得出财政支出和财政收入都是城镇化的格兰杰原因，且三者之间存在协整关系（朱家亮，2014）。城镇化与区域经济增长关系，既存在促进效率发展的正效应，也存在抑制经济效率的负效应。正效应包括要素集聚效应、规模经济效应、专业化协作效应和创新中介效应，负效应包括挤出效应及摩擦效应等（孙祁祥、王向楠、韩文龙，2013；Klaus Desmet and Esteban Rossi-Hansberg，2013），城镇化对经济增长的效应取决于正负效应的相对力量。

现有文献较少研究地方政府债务规模和城镇化之间的关系。巴曙松、王劲松等（2011）研究提出，城镇化是导致地方政府债务规模持续扩大的主要原因。有学者运用我国 30 个省份（不包括西藏）城镇化率与地方政府债务率的截面数据，实证分析发现，城镇化率的提高会推动地方政府债务率的上升（成涛林、孙文基，2015）。但截面数据分析是静态的，不能反映地方政府债务率与城镇化率之间的长期动态关系。本文尝试将城镇化水平纳入内生变量视域，探求城镇化水平与地方政府债务规模间的动态因果效用，实证分析两者间的格兰杰因果关系，并对其进行协整检验，研究其长期均衡性。同时，结合中国国情，从公共经济学视角分析城镇化水平与地方政府债务规模扩张间的内在逻辑和运作机制，为有效防范地方政府债务风险提供理论和实证依据。

2016 年度中央预算执行和其他财政收支的审计工作报告指出，"至 2017 年 3 月底，审计的 16 个省、16 个市和 14 个县本级政府承诺以财政资金偿还的债务余额，较 2013 年 6 月底增长 87%，其中基层区县和西部地区增长超过 1 倍；7 个省、6 个市和 5 个县本级 2015 年以来，通过银行贷款、信托融资等形式，违规举借的政府承诺以财政资金偿还债务余额高达537.19亿元。"频繁出台实施的地方政府债务管理制度并没有较好抑制地方政府的举债冲动，导致地方政府债务风险持续累积。为防范地方政府债务风险，必须探究地方政府举债逆向扩张行为的机理。现实中观察到的一个事实是，地方政府债务规模持续扩张阶段正是城镇化水平快速提升时期。那么，城镇化水平和地方政府债务规模之间存在什么样的关系，这种关系的内在逻辑和作用机制是什么？它对于防范地方政府债务风险有什么样的启示？这些都是本节要研究的问题。

二、研究假设与实证检验

（一）研究假设

从国内外经济发展实践看，城镇化快速发展时期，都伴随着地方政府债务规模不同程度的扩张。表5-1是国内不同省市地方政府债务规模与城镇化水平的数据，图5-1是部分省市近几年城投债规模的柱形图和城镇化率的折线图。可以观察到，城镇化率高的省市，其城投债规模也较大；即使在同一省市，城投债规模会随着城镇化率的提高而增

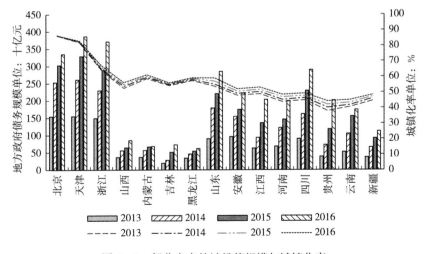

图5-1 部分省市的城投债规模与城镇化率

加。表 5 - 2 是日本 1950—1984 财年间地方债的相对规模，可以发现，在日本城镇化快速发展时期，地方债的相对规模也比较大，大多数年份超过了两位数，部分年份甚至接近地方国民生产总值的 25％。

基于地方政府债务规模与城镇化率间的经验关系，本文假设地方政府债务规模与城镇化水平之间存在 Granger 意义下的因果关系。即，地方政府债务规模是城镇化水平的格兰杰原因，城镇化水平是地方政府债务规模的格兰杰原因。

表 5 - 1　2013—2016 年间部分省市的城镇化率与城投债规模

省份	城镇化率（％）				城投债规模（亿元人民币）			
	2013	2014	2015	2016	2013	2014	2015	2016
北京	86.29	86.34	86.46	86.50	1 544.8	2 531.7	3 027.3	3 345.8
天津	82.00	82.27	82.61	82.93	1 546.7	2 608.6	3 280.7	3 858.4
浙江	64.01	64.87	65.81	67.00	1 487.2	2 294.0	2 882.9	3 704.8
山西	52.56	53.78	55.02	56.21	362	554	641.15	851.9
内蒙古	58.69	59.52	60.29	61.19	367	564	666.4	680
吉林	54.20	54.83	55.32	55.97	193.7	277.1	509.3	724.3
黑龙江	57.39	58.08	58.79	59.20	341.5	459.8	539.6	613.86
山东	53.76	55.01	57.01	59.02	898.1	1 787.9	2 203.1	2 842.7
安徽	47.86	49.15	50.50	51.99	957.7	1 543.9	1 746.0	2 220.7
江西	48.87	50.22	51.62	53.10	624	931.55	1 354.3	2 033
河南	43.80	45.20	46.85	48.50	677.5	1 216.0	1 459.5	1 993.2
四川	44.90	46.30	47.68	49.21	898.2	1 616.7	2 289.4	2 889.8
贵州	37.84	40.02	42.01	44.15	384	718.9	1 171.3	2 010.6
云南	40.47	41.73	43.34	45.03	516.84	1 040.3	1 551.7	1 743.7
新疆	44.48	46.08	47.25	48.35	365.4	653.9	912.81	1 116.0

数据来源：①2013—2015 年城镇化率来自中华人民共和国统计局网站，2016 年城镇化率年来自于各省市国民经济和社会发展统计公报；②城投债规模数据来自 wind 资讯数据库。

表 5-2 日本 1950—1984 财年间地方债占名义 GNP 的比例

年份	1950	1951	1952	1953	1954	1955	1956	1957	1958	1959	1960	1961
GMP 比例（%）	13.4	9.8	11.3	15.1	12.1	11.2	11.7	6	5.4	6.1	6.2	6
年份	1962	1963	1964	1965	1966	1967	1968	1969	1970	1971	1972	1973
GMP 比例（%）	6.8	6.3	7.3	9.8	10.9	7.9	7.3	7.5	9.3	14.6	18.4	15.2
年份	1974	1975	1976	1977	1978	1979	1980	1981	1982	1983	1984	1985
GMP 比例（%）	15	22	22.5	23.6	24.8	23.4	20.2	19.5	18.6	19	17.1	—

说明：表中数据系根据原始数据计算而得。

资料来源：名义 GNP 数据来自日本经济企划厅：《国民经济计算年报》，转引自王琭生、赵军山：《战后日本经济社会统计》，50~52 页，北京：航空工业出版社，1988。地方债数据来自日本经济企划厅：《地方财政统计年报》，转引自王琭生、赵军山：《战后日本经济社会统计》，328~330 页。

（二）变量选取和数据来源

自 2015 年始，地方政府债务余额在硬性限制和制度管理下悄然下降[①]。鉴于此，为控制制度管理的影响，本文将样本期选定在 1996—2014 年。各变量的具体说明及数据来源如下：

1. 城镇化水平

本文用城镇常住人口占总人口的比重，即城镇化率，测量城镇化水平，变量赋名为 *urb*。城镇常住人口区别于户籍城镇人口，它的实质内涵指居住在城市或集镇地域范围之内，享受城镇服务设施，以从事第二第三产业为主的特定人群，它既包括城镇中的非农业人口，也包括在城镇从事非农产业或城郊农业的农业人口，其中一部分是长期居住在城镇，但人户分离的流动人口。城镇常住人口数据来自中国统计年鉴 1996—2014 年。

2. 地方政府债务规模

指地方政府在某一时间节点上（一般为年度末期）负有偿还责任的

---

① 为避免地方政府债务规模快速扩张引起的系统性风险，2014 年中国国务院办公厅发布《加强地方政府性债务管理的意见》，意见提出对地方政府债务规模实行限额管理，地方政府可在债务限额内统筹资金支持重点建设项目。

债务余额，变量赋名为 *debt*。从债权人类别上看，本文的地方政府债务主要包括银行贷款、BT、发行债券和信托融资等。不同的调研机构和研究部门统计的地方政府债务规模数据存在较大差异性，且数据没有统一性，为尽可能消除分歧，本文以审计署公布的数据为基础。其中，1996—2002 年数据依照中华人民共和国审计署审计结果公告《全国地方政府性债务审计结果》（2011 年第 35 号）公布的年均增长率计算得到，2003—2009 年数据来自杨灿明、鲁元平（2015）估算调整后的数据[①]，2010—2014 年数据来自审计署公布的数据。

（三）实证检验

1. 平稳性检验

进行格兰杰因果检验的前提条件是时间序列（包括所有变量）必须具有平稳性，否则可能会出现虚假回归问题，因此在进行格兰杰因果关系检验之前首先要对各变量时间序列的平稳性进行单位根检验。由于变量取对数可以消除异方差的影响，因此首先采用迪基——富勒（ADF）检验分别对各变量对数序列的平稳性进行单位根检验，具体结果如表 5-3 所示。

表 5-3　变量序列的平稳性检验（ADF 检验）

变量	t 统计量	P 值	检验结果	平稳性
ln*urb*	−2.269 6	0.171 7	有单位根	非平稳
ln*debt*	−0.899 3	0.743 1	有单位根	非平稳

由表 5-3 的平稳性检验可以知道，变量原值取对数的序列没有通过单位根检验，即时间序列是非平稳的，需要采用差分变换消除序列中含有的非平稳趋势。变量原值取对数的序列进行一阶差分后，成为平稳序列，也就是一阶单整 I（1），其检验结果如表 5-4 所示。即，所有变量原值取对数后的一阶差分在 5% 的显著性水平下通过了单位根检验。

---

　① 该数据是专业研究人员的估算数据，以审计署公布的数据为基础，加入经济增长调整因素，具有较好的权威性和可信度。

表5-4 变量一阶差分后的平稳性检验（ADF 检验）

	t 统计量	P 值	检验结果	平稳性
$\Delta \ln urb$	$-6.108\,1$	$0.000\,2$	无单位根	平稳
$\Delta \ln debt$	$-7.660\,9$	$0.000\,0$	无单位根	平稳

采用 PP 检验方法的结果如表5-5所示，取显著性水平5%，所有变量原值取对数后的一阶差分均通过了单位根检验。

表5-5 变量一阶差分后的平稳性检验（PP 检验）

	t 统计量	P 值	检验结果	平稳性
$\Delta \ln urb$	$-12.333\,4$	$0.000\,0$	无单位根	平稳
$\Delta \ln debt$	$-20.590\,2$	$0.000\,0$	无单位根	平稳

两种检验方法都表明，变量原值取对数后的一阶差分具有平稳性。接着，对平稳序列进行格兰杰因果关系检验。

2. Granger 因果关系检验

Granger 因果关系检验实质上是运用 F-统计量来检验某一变量是否受到其他变量的滞后影响（在统计的意义下）。由于变量取对数且一阶差分后的时间序列数据是平稳的，可以对一阶差分之前的序列进行格兰杰因果关系检验。滞后阶数选取3，检验结果如表5-6所示。

表5-6 Granger 因果关系检验结果

原假设	F 统计量	P 值
$\ln debt$ 不能 Granger 引起 $\ln urb$	$5.198\,60$	$0.027\,7$
$\ln urb$ 不能 Granger 引起 $\ln debt$	$0.077\,02$	$0.970\,7$

从表5-6的结果可以看到：检验结果拒绝地方政府债务规模不是城镇化水平的 Granger 原因的原假设，但不能拒绝城镇化水平不是地方政府债务规模的 Granger 原因的原假设。即，在5%的显著性水平下地方政府债务规模是城镇化水平的格兰杰原因。

3. 滞后阶数检验

在格兰杰因果关系检验中，检验结果对于滞后期长度的选择比较敏感，不同的滞后期可能得到不同的检验结果，甚至会得到相反的检验结果，因此需要进行不同滞后期长度检验，观察其敏感性。一般的原则是选择模型中随机误差项不存在序列相关时的滞后期长度。本文在进行格兰杰因果关系检验时，选择 3 阶滞后长度，因此需要对残差序列高阶相关性进行检验，以判断滞后阶数的选取是否恰当。以 $\ln debt$ 为被解释变量，$\ln urb$ 为解释变量，建立多元回归模型，估计方程后，检验回归方程残差的序列相关性，采用 Breush-Goldfrey LM 检验（p＝3）。LM 检验原假设为：直到 3 阶滞后不存在序列相关；备择假设为：存在 3 阶自相关。得到结果如下：

表 5-7　LM 检验结果

F-statistic	2.209 234	Prob. F (3, 13)	0.138 5
Obs * R-squared	6.078 075	Prob. Chi-Square (3)	0.107 9

LM 统计量显示，在 5% 的显著性水平下接受原假设，回归方程的残差序列不存在序列相关性，因此回归方程取 3 阶滞后得到的检验结果是可靠的。

4. 协整检验

由于城镇化水平与地方政府债务规模间存在 Granger 因果关系，需要构造其变量关系，进一步实证分析其相关程度和系数估计值的显著性。

构造回归方程：

$$\ln urb_t = c + \beta \ln debt_t + \mu_t, \quad t = 1, 2, \cdots, 18 \quad (5-1)$$

对式（5-1）进行多元线性回归，最小二乘法估计后得：

$$\ln urb_t = -2.31 + 0.14 \ln debt_t + \hat{\mu}_t \quad (5-2)$$

$$t = (-33.51) \quad (20.61)$$

$$R^2 = 0.96 \quad D.W. = 0.91$$

由回归方程估计结果可得残差方程式为：

$$\hat{\mu}_t = \ln urb_t + 2.31 - 0.14\ln debt_t \qquad (5-3)$$

然后需要对残差进行实证研究，利用 Eviews 软件分析后，得到的残差曲线图如图 5-2 所示。

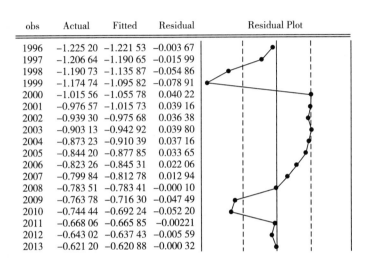

图 5-2　残差分析图

对式（3）的残差进行协整检验，不含常数项和时间趋势，由 SCI 准则确定滞后阶数，其结果如表 5-8 所示。

表 5-8　　　残差协整检验结果

显著性水平		t 统计量	P 值
ADF 检验统计量		−2.176 162	0.032 1
检验估计值：	1%	−2.708 1	
	5%	−1.962 8	
	10%	−1.606 1	

检验结果显示，残差序列在 5% 水平下拒绝原假设，因此可以确定残差序列为平稳序列。表 5-8 结果表明，1996—2014 年间 lnurb 与

ln$debt$ 之间存在长期均衡关系。即，地方政府债务规模是城镇化水平的
内生变量，且两者之间存在长期稳定的均衡关系。

5. 构造误差修正模型 ECM

从长期看，城镇化与地方政府债务规模间存在长期均衡，但这种长
期均衡是由实际经济数据的短期动态非均衡过程逐步逼近而成的。为分
析系统短期偏离均衡时向长期均衡值趋近的速度，需要构建误差修正模
型来分析。本文采用 Englehe 和 Granger 两步法对误差修正模型 ECM
进行估计。上述式（5-2）、式（5-3）及表5-8的残差协整检验过程
已经完成了 ECM 的第一步协整回归，并由残差协整检验结果可知，
lnurb 和 ln$debt$ 间存在长期协整关系，且残差序列平稳，可以进行第二
步的参数估计。

由表5-8的残差结果分析可知，式（5-3）的残差序列 $\hat{\mu}_t$ 是平稳
的。可令 $ecm_t = \hat{\mu}_t$，即将式（5-2）中的残差序列 $\hat{\mu}_t$ 作为误差修正项，
建立如式（5-4）所示的误差修正模型：

$$\Delta \ln urb_t = \beta_0 + \alpha ecm_{t-1} + \beta_1 \Delta \ln debt_t + \varepsilon_t \qquad (5-4)$$

用 OLS 方法估计其参数，得到

$$\Delta \ln urb_t = 0.027 - 0.455 ecm_{t-1} + 0.025 \Delta \ln debt_t \qquad (5-5)$$

$$t = (1.10) \qquad (-2.16) \qquad (0.26)$$

$$R^2 = 0.24 \qquad D.W. = 1.70$$

对以上的实证分析结果进行解读。式（5-2）和表5-8的分析结
果表明地方政府债务规模是城镇化水平的解释变量，且存在长期均衡关
系，其中地方政府债务规模的弹性系数为0.14，表示地方政府债务规
模每增加1个百分点，城镇化水平将提高0.14个百分点。在式（5-5）
的误差修正模型中，差分项反映了短期波动的影响。城镇化水平的短期
变动可以分为两部分：一部分是短期地方政府债务规模波动的影响；一
部分是城镇化和地方政府债务规模偏离长期均衡的影响。从系数估计值
（-0.455）来看，当短期波动偏离长期均衡时，将以-0.455的调整力
度将非均衡状态拉回到均衡状态。

三、城镇化与地方政府债务规模的内在逻辑及作用机制

（一）城镇化与地方政府债务规模的内在逻辑

城镇化首先是一个地域扩张和人口集聚的概念，即城镇土地边界向外延展，农村剩余劳动力向城镇迁移。城镇土地区别于农村土地的明显标志就是公共产品和服务[①]的供给密度，在城镇人口集聚区域，其公共产品和服务供给密度远远大于农村土地。当土地上相对密集地矗立着学校、医疗卫生机构、保障性住房等公共服务设施，以及交通设施、邮电通讯设施、环保设施、防灾设施、供水供气设施、污水和垃圾处理系统等城镇居民赖以生产生活的工程设施时，基本可以判定这块土地已经脱离了农地性质而纳入城镇区域。

随着城镇化向纵深发展，城区辐射面积愈来愈广远，逐渐伸向远城郊区，公共产品的供给和公共事业的运营随之延伸并覆盖到城市郊区。由于城镇是社会文明的象征，代表着先进的生活理念和较高的文化水准，是人们最主要的生存和发展空间，是大多数非城镇人口向往之地，聚集效应和规模经济效应强有力地推动着城镇化水平的提高。在城镇化的快速发展过程中，公共产品的需求迅速膨胀，当公共产品的供给速度超过了地方财力的增长速度时，城镇化建设所需的大量公共投资转向依赖地方政府债务，尤其是地方政府缺乏独立财权时，其债务规模的快速扩张是弥补财政缺口的必然渠道。

从物质资本的形成过程看，一般情况下，货币资金的流动先于物质资本的运动。地方政府债务资金经过投资运作后，形成表征着城镇特点的公共产品和服务的显性物化供给。由于地方政府债务资金用于非生产性公共项目的支出，可以带来一定的社会收益。特别地，当地方政府债务资金投资于公共基础设施、教育、医疗、保障性住房、通信等有利于基础生产力提高的公共工程时，建立于其上的经济效率的

---

① 基本公共产品和服务主要包括城镇基础设施、公共服务及其设施。

提高、机会成本的降低、产业结构的优化、体力和智力的增强等都将是推动城镇经济持续发展，吸引农村剩余劳动力迁移到城镇的巨大能量。

（二）城镇化对地方政府债务规模扩张的作用机制

1. 城镇化快速发展过程中的需求作用机制

城镇化的快速发展刺激了城镇及其周边郊区人口对公共基础设施和服务的饥渴式需求。这是替代效应和收入效应共同作用的结果。一方面，为实现人民美好生活目标的需要，愈来愈多的公共产品和服务将低价甚至免费供给，居民受公共产品相对价格较低的激励，权衡成本收益后，自然会增加对公共产品的需求量。譬如，城镇郊区居民向往城镇的全域体验式购物消费，衍生出对公共交通的潜在需求。公共交通的供给是地方政府的职能，在地方财力增长率不足以支持公共投资额的情境下，发行地方政府债务是最优选择，从而导致对地方政府债务需求的持续增加。另一方面，随着居民收入水平的提高，需求结构逐步升级，从物质需求转向文化、生态需求等高质量需求，对图书馆、医院、保健、公园等公共产品和服务的需求增加。因此，替代效应和收入效应的共同作用引发了对公共设施的大力投资。在中国，目前地方财政体制尚未启动改革、资本市场尚不健全的情况下，由于地方财权有限，融资渠道狭窄，投资缺口的弥补主要依赖政府借债。地方政府债务的持续积累提升了城镇化水平，但最终也导致地方政府债务规模膨胀，诱发地方政府债务风险的形成。现有文献研究实证了城镇化与地方政府债务风险间的逻辑关系。王周伟、敬志勇和庞涛（2015）对债务率、城镇化指数和公共投资比重与债务规模风险进行实证检验得出，债务规模风险与各省市推进城镇化进程有很强的直接关系。

2. 城镇化快速发展时期政府的供给作用机制

政府经济学认为，政府怀疑"消费者主权"，即个人能够对自身的福利做出最好的判断，认为至少在某些领域政府需要发挥"父爱主义"的作用，即在某些物品或服务上，政府可以做出比个人更好的选择，某些由个人偏好所反映的价值应由政府强制提供的某些更崇高、更理性的价值替代，如义务教育、医疗保健等"公益品"。在新型城镇化阶段，人口的高度密集和规模经济效应为政府供给公共产品创造了低成本供给的可能性。政府为了追求社会的和谐公正，将主动寻求具有崇高价值的私人物品，并运用公共手段供给。譬如，农民工市民化催生的巨大住房需求将衍生出地方政府对廉租房、经济适用房等保障性住房的大量供给。在地方财政预算约束下，地方政府举债不仅成本较低，而且可以实现卡尔多改善[①]。地方债务到期时若不能还本付息，债权人的利益会受到损失，但由于地方政府提供的公益品不仅有益于当代人，而且会惠及后代人，因此即使到期债务不可偿还，可以通过借新还旧的补偿机制实现社会整体福利的改善。

3. 城镇化快速发展阶段的公共福利作用机制

生产力决定生产关系，生产关系反作用于生产力。社会主义生产力是为社会主义生产关系服务的，社会主义生产关系的本质是"合作性的、利益共享的、人人平等的"。随着我国生产力发展水平的不断提高和经济总量的快速增长，特别是中国特色社会主义进入新时代后，生产力和生产关系的矛盾转变为"人民日益增长的美好生活需要和不平衡、不充分的发展之间的矛盾"。在新时代满足人民日益增长的美好生活需要，不仅包涵大量公益性基础设施，也包括内容宽泛的低价甚至免费供给的社会保障、医疗保健、教育等人本性基础设施。人本性基础设施是一种公共福利，它以人为中心，不考虑盈利和经营目标，具有无偿性，政府在供给后，只存在消费活动，目的是实现人的价值。历史和实践表明，人本性基础设施的创造直接对人民生活质量做出贡献。有充分的证据表明，即使收入水平相对较低，一个为所有的人提供医疗保健、社会保障和教育的国家，实际上可以在全体人民的寿命和生活质量上取得非

---

① 卡尔多改善，即某种行为措施使整个社会的福利得到改善，且收益总是大于某方利益的损失，并且有可能设计出一种机制补偿受到损害的集团，使得所有人得到不同程度的改善。

常突出的成就。

在社会发展的更高级阶段，公共福利的范围日渐扩大，人们共享更多的物品和服务，公共福利的深度也将从物质财富延展到精神产品。从这个意义上说，地方政府将扮演越来越重要的角色，承担更多的超越市场机制的公共产品和服务的供给职能。政府公共产品和服务的供给增加意味着财政支出规模的扩大。根据公共产品理论中受益者成本分摊的基本规则，公共性很强的城市基础设施和服务的成本应该在代际间寻求补偿，使财政支出负担向后期延伸。地方政府债务具有这一特征。我国分税制改革以来，地方政府财权与事权的不对称导致地方政府在预算外举债以缓解地方财政支出压力成为一种惯例，习惯于利用地方政府债务工具把社会经济资源用于公共福利性显著的项目上。

（三）新城建设中地方政府的财政机会主义偏好

经济学家认为，财政机会主义行为存在的基础是收付实现制的财政预算管理制度。当政府在短期面临财政预算平衡的压力时，决策者更喜欢用预算外的承诺来隐藏政策成本。2008 年金融危机后，地方政府规划的新城面积迅速扩张。据统计，2009 年之后规划的新城面积是之前的 2.77 倍，规划人口是之前的 1.95 倍，大规模的新城建设热潮至 2013 年才有所收敛。新城建设融资问题成为地方政府面临的主要矛盾，在财政机会主义驱使下，地方政府融资平台通过举债方式筹集资金。如果能够形成城镇建设、产业和市场的良性互动，地方政府负债资金可以及时偿还，债务增量能及时消化，但是部分新城建设带来的铺张、密度低、远离市场等原因导致新城发展低效，投资资金难以收回，地方政府不得不借新债还旧债，造成其债务的巨额积累，特别是财政收入低的地方政府，其债务率居高不下。

同时，在中国的城镇化运动中，土地资源的配置受政府直接调控，为平衡区域经济发展，土地供给指标向中西部地区倾斜，受土地建设指标宽松的激励，中西部地区建设大量新城。而受高工资高租金等高边际福利的激励，中西部地区的资本和人口大规模持续流向东南沿海等经济集聚力强的优势地区。由于市场激励和行政激励的不一致性，新城建设受生产要素供给不足的约束而发展缓慢，地方融资平台的大量债务难以在偿还期内兑现，造成地方政府债务持续积压。

虽然地方政府债务规模扩张可以有效促进城镇化水平的提升，但这不是滥用地方政府债务的理由，而是对社会公共资金的浪费，造成宏观层次经济资源配置效率下降的后果。"胡乱投资的后果通常等同于挥霍浪费。不审慎的投资计划……总会导致社会中本来可以使用的生产性资金的减少"。因此，既要适当利用地方政府债务这一融资工具，又要警觉一味偏好债务的财政机会主义行为。

四、研究结论与政策建议

(一) 研究结论

格兰杰因果关系检验和协整检验的实证分析表明，地方政府债务规模是城镇化水平的格兰杰原因，滞后 3 期，且系数估计值显著。残差检验结果表明，地方政府债务规模与城镇化之间存在长期均衡关系。构造的误差修正模型和 OLS 估计结果表明，地方政府债务规模的短期变动可以分为两部分：一是短期地方政府债务增加对城镇化的影响；一是地方政府债务规模偏离长期均衡的影响。当短期波动偏离长期均衡时，将以 -0.455 的调整力度将非均衡状态拉回到均衡状态。

理论分析表明，我国城镇化快速发展过程中，地方政府债务规模扩张是需求作用机制、供给作用机制和公共福利作用机制，以及新城建设过程中地方政府财政机会主义偏好共同作用的结果。

(二) 政策建议

虽然地方政府债务规模的扩张能够促进城镇化的快速发展，但是，滥用地方政府债务易引发其债务风险。如何在推动地方政府债务健康发展的同时严格控制债务风险，本文给出如下政策建议：

第一，顺应城镇化发展规律，政府可以实施审慎的地方政府债务政策。主要包括：对地方政府债务资金利用效率高的地区进行适度的财政资金或者地方政府负债额度奖励，惩罚地方政府债务资金利用效率低的地区；不放松对地方政府债务资金流动链条上每一个环节的审计和监督等。

第二，约束地方财政机会主义偏好，防范地方政府债务风险。对地方政府新投资项目的举债应组织行内专家进行充分和反复的论证，特别要加强对新城建设举债合理性的论证。同时，优化地方政府债务资金的投资结构，提高债务资金的利用效率，防范地方政府滥发债务。

第三，建立地方政府债券制度，规范地方政府举债融资，运用市场机制约束地方政府债券的过度发行。在规范的地方政府债券市场上，地方政府债券的实际发行利率和发行额度将由市场的供求机制和竞争机制决定，优胜劣汰规律会自动剔除收益和风险不对称的地方政府债务，从而有效防范化解地方政府债务风险。

第二节　经济周期对地方政府债务规模扩张的影响

目前对经济周期的研究文献不多，对经济周期与地方政府债务规模关系方面的分析更少。经济周期是宏观经济波动规律的表现形式。作为宏观经济调控工具之一，地方政府债务与经济周期存在天然联系。那么，宏观经济波动会影响地方政府债务规模吗？它们之间是否存在必然关系，这是本节试图探讨的主要问题。

一、经济周期与地方政府债务规模扩张的关系

（一）经济增长、经济周期及其界定

1. 经济增长

对于世界上任何一个国家而言，经济增长都是宏观经济政策最主要的目标。经济增长并不是历史的必然，在人类历史的绝大部分时间里，

经济增长都是极其缓慢的。的确,"在人类历史的坐标上,人均产出增长是一个近代才有的现象,根据过去 200 年左右的增长记录,看起来非同寻常的事情是 20 世纪 50 年代和 60 年代的高速增长率,而不是 1973 年以来的低增长率",在漫长的人类历史中,经济增长并非显而易见的事实。最初的经济增长大概率来自富饶的自然资源,随着人类知识水平和经验的积累,人口增加成为经济增长的重要原因,晚近以来,物质资本、人力资本、技术创新、信息等都成为推动生产率提升的主导要素。从反映投入产出关系的生产函数来看,产出与投入要素之间可以描述为:

$$Y = Af(N, L, K, H, I)$$

式中:Y 为产量,N 为自然资源量,L 为劳动力数量,K 为物质资本量,H 为人力资本量,I 为信息量,A 为技术知识进步或积累的系数。

经济增长的影响因素很多。从 19 世纪开始,经济学家开始从制度视角分析经济发展的成因,李斯特描述性地分析了英国自由的交易制度对其经济繁荣的促进。罗纳德·科斯提出国家经济交换的效率由交易成本决定,后者依赖于一国的制度系统,如法律制度、社会制度、政治制度以及教育文化等,因而制度决定着国民经济活动的经济绩效。后来有学者研究认为人均 GDP 增长率与经济自由度成正相关,得出的基本结论是摆脱贫困的国家必须给予其社会成员更大的从事经济活动的自由,以及赋予最安全的产权保护。这方面有很多实例,譬如,韩国和朝鲜在 20 世纪 50 年代曾处于同一起跑线上,由于制度路径的不同,到了 70 年代两国的经济实践具有截然不同的经济效果。我国农业领域家庭联产承包责任制的变革是一个成功的案例,包括我国的改革开放乃至目前的"一带一路"、人类命运共同体等倡议的提出,必然对未来中国经济发展中生产力的解放起到巨大的推动作用。

2. 经济周期及其界定

经济增长不是历史上的必然现象,经济活动总是受到诸多外部冲击的影响而出现周期性波动,以宏观政策手段稳定经济运行成为现代国家的必要职能。许多学者对经济周期都有界定，美国学者伯恩斯和米切尔在其权威著作《测定经济周期》中对经济周期的定义如下：经济周期是总体经济活动的波动，在其中，许多经济活动以一种循环而非周期性方式同时扩张或收缩。经济周期会经历扩张期和收缩期，会重复出现，但强度和时间间隔不一定相同。图 5-3 所示，曲线表示实际的总体经济活动。经济周期的顶峰用图中横轴上的 P（peaks）表示，谷底用图横轴上的 T（trough）表示。从一个顶峰 P 到一个相邻谷底 T 的时期被称为经济收缩期，从一个谷底 T 到一个相邻顶峰 P 的时期被称为一个经济扩张期。若某一变量的上下运动与经济周期的上下运动不一致，则该变量被称为非周期性的。

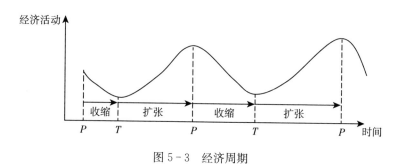

图 5-3　经济周期

（二）经济收缩期与地方政府债务规模扩张

1. 预算约束下地方政府债务规模扩张

在给定时期，由于技术水平和经济资源总量一定，地方政府的纳税收入基本给定，当地方政府支出超过收入时，政府就出现了赤字。为平衡财政预算，中央政府可以通过增发高能货币，即印制钞票弥补赤字，但地方政府融资手段的选择一般是地方政府债务，地方政府融资仅仅受到借债能力的限制。也就是说，地方政府的预算约束可以描述为：赤字＝公众持有地方政府债券的变化量。即，在预算约束下，地方政府弥补赤字的主要手段是扩大其债务规模。

2. 地方政府债务负担率的逆周期性

当经济活动处于紧缩周期时，中央政府一般会采取扩张性财政政策，为促进地方经济稳定增长或配合中央政府的财政刺激政策，地方政府会扩张其债务规模，作为一种融资工具地方政府债务被用于公共项目投资以推动经济复苏。反之，在经济扩张时期，地方政府债务负担率可以相对较低。一般而言，源于对凯恩斯经济宏观调控理论的现实运用，地方政府债务规模的逆周期性是地方政府宏观调控经济职能的彰显，是对地方经济活动的逆向宏观调控。短期而言，与印钞发行货币不同，地方政府债务工具的大量使用没有增加高能货币量，不会导致通货膨胀。而是通过债务工具对资源配置结构施加直接或间接影响，包括对金融资源的整合效应，促进产业分工和引导产业布局，反而可以通过控制地方政府债务收入资金的流向而将社会资金引导向社会最需要的地方，有利于资源配置效率和融资效率的提高。

二、美国经济收缩期地方政府①债务规模扩张

在经济紧缩期，为了尽快恢复经济，中央政府一般会采用宽松的财政政策。譬如减税、扩大政府投资等手段来提振经济，在财政入不敷出时，发行公债是政府融资的主要手段。跟随中央政府的刺激政策，地方政府也会通过发行地方政府债务的方式扩大地方公共投资，以增加就业，推动国内需求。在美国经济周期历史中，包括联邦政府、州和地方政府在内经济收缩期间都会扩大地方政府债券发行规模。美国界定经济周期顶峰和谷底②的权威机构是国家经济研究局（the NATIONAL BU-REAU of ECONOMIC RESEARCH，NBER），NBER 是一家私营的非营利性研究机构。表 5-9 是美国 NBER 所界定的从 1857 年开始的历次经济周期。

---

① 美国的地方政府包括州和地方政府两个级次。
② NBER 界定经济周期顶峰和谷底的标准主要依据 5 项指标，即个人实际收入、就业、工业产量、零售和制造业销售额、实际 GDP。

表 5－9　NBER 界定的经济周期

顶峰时间	谷底时间	收缩（从前一顶峰到谷底所经历的时长，单位：月）	扩张（从前一谷底到顶峰所经历的时长，单位：月）	周期	
				相邻谷底时长	相邻顶峰时长
—	1854 年 12 月	—	—	—	—
1857 年 6 月	1858 年 12 月	18	30	48	—
1860 年 10 月	1861 年 6 月	8	22	30	40
1865 年 4 月	1867 年 12 月	32	46	78	54
1869 年 6 月	1870 年 12 月	18	18	36	50
1873 年 10 月	1879 年 3 月	65	34	99	52
1882 年 3 月	1885 年 5 月	38	36	74	101
1887 年 3 月	1888 年 4 月	13	22	35	60
1890 年 7 月	1891 年 5 月	10	27	37	40
1893 年 1 月	1894 年 6 月	17	20	37	30
1895 年 10 月	1897 年 6 月	18	18	36	35
1899 年 6 月	1900 年 10 月	18	24	42	42
1902 年 9 月	1904 年 8 月	23	21	44	39
1907 年 5 月	1908 年 6 月	13	33	46	56
1910 年 1 月	1912 年 1 月	24	19	43	32
1913 年 1 月	1914 年 12 月	23	12	35	36
1908 年 6 月	1908 年 6 月	13	33	46	56
1918 年 8 月	1919 年 3 月	7	44	51	67
1920 年 1 月	1921 年 7 月	18	10	28	17
1923 年 5 月	1924 年 7 月	14	22	36	40
1926 年 10 月	1927 年 11 月	13	27	40	41
1929 年 8 月	1933 年 3 月	43	21	64	34
1937 年 5 月	1938 年 6 月	13	50	63	93
1945 年 2 月	1945 年 10 月	8	80	88	93
1948 年 11 月	1949 年 10 月	11	37	48	45
1953 年 7 月	1954 年 5 月	10	45	55	56
1957 年 8 月	1958 年 4 月	8	39	47	49
1960 年 4 月	1961 年 2 月	10	24	34	32

（续）

顶峰 时间	谷底 时间	收缩（从前一 顶峰到谷底所经历 的时长，单位：月）	扩张（从前一 谷底到顶峰所经历 的时长，单位：月）	周期	
				相邻谷底 时长	相邻顶峰 时长
1969 年 12 月	1970 年 11 月	11	106	117	116
1973 年 11 月	1975 年 3 月	16	36	52	47
1980 年 1 月	1980 年 7 月	6	58	64	74
1981 年 7 月	1982 年 11 月	16	12	28	18
1990 年 7 月	1991 年 3 月	8	92	100	108
2001 年 3 月	2001 年 11 月	8	120	128	128
2007 年 12 月	2009 年 6 月	18	73	91	81

本书对照表5-9将美国经济周期与政府债务负担率的关系绘制在图中，如图5-4所示，1975—2009年间共经历了5个经济收缩周期，以阴影区域表示。虽然地方政府债务负担率较高的时期并不全部处于经济收缩周期内，但在经济收缩周期，地方政府债务负担率都处于比较高的水平。譬如，1973—1975年间美国共经历16个月的收缩期，1975年是这次经济周期的谷底，该年联邦政府新发债券规模占GDP比重高达23.9%。最近的一次经济收缩期始于2007年12月，历时18个月，2009年6月经济活动达到谷底，2008年、2009年联邦政府新发债规模占GDP比重分别为24.2%和22.7%，几乎占GDP总量的1/4，规模空前。从州和地方政府的数据看，在1981—1982年连续16个月的收缩期内，新发债规模占GDP比重分别为8%和11.2%，1991年的收缩期末这一比例达到9.2%，2002年收缩期结束时，新增地方债规模占GDP比重上升到11.1%。因此，从统计数据看，美国政府债务负担率与经济收缩周期具有较高的一致性，债务负担率在收缩期表现较高，具有逆周期性。其中联邦政府层面的债务负担率与经济收缩周期高度同步，州和地方政府债务负担率的变化稍有差异，存在超前于联邦政府反应的两个经济收缩周期，但与经济收缩周期步调一致，即在经济收缩周期地方

政府债务负担率会有一定程度的上升。

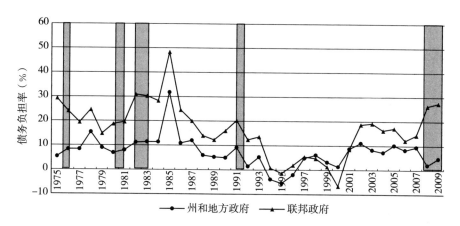

图 5 - 4　1975—2009 年间美国各级政府债务负担率与经济周期

　　运用 stata15 软件计算结果显示，联邦政府债务负担率与 GDP 增长率之间的皮尔逊相关系数为－0.40，而斯皮尔曼相关系数为－0.26，在 15% 显著性水平下具有弱负相关性。如果控制其他变量，这种负相关关系可能更为显著。州和地方政府层面的这种负相关关系则不太明晰。对联邦政府债券负担率与 GDP 增长率做一般回归分析，如表 5 - 10 所示，得到 5% 置信水平下显著，且 GDP 每增长 1 个百分点，联邦政府债券负担率下降 1.39 个百分点。州和地方政府债务负担率与 GDP 增长率之间的皮尔逊相关系数为 0.14，斯皮尔曼相关系数为 0.14，但不显著。做回归分析后，两变量的关系也不显著。

表 5 - 10　联邦政府债务负担率与 GDP 增长率的回归结果

联邦政府债务负担率	系数	t 值	$P > \lvert t \rvert$	Number of obs＝35
GDP 增长率	－1.385 787	－2.48	0.019	F (1, 33) ＝6.13
_ cons	13.456 83	13.456 83	0.000	R - squared＝0.156 7

　　不同级次政府的检验结果存在显著差异，相比于地方政府，为何联邦政府的债务负担率与经济周期的关系更具有逆周期性？对这种结果的一个可能解释是，美国联邦政府会在经济收缩时期发挥宏观调控的主导

作用，增加债务发行量是优先选择的扩张性财政政策手段。因此，地方政府债券发行量与 GDP 增长之间的负相关关系显著。美国州和地方政府的宏观调控职能相对处于附属地位，因此不太惯常运用地方政府债务工具调控经济运行。

三、我国经济周期与地方政府债务规模扩张的动态关联

（一）地方政府债务规模扩张的经济增长作用空间

在世界各国中，我国自改革开放以来经济一直高速增长，目前处于中上等发展国家行列，但在市政基础设施建设方面还与发达国家存在一定的差距。譬如，我国的铁路长度、公路长度与美国相比还有一定的差距，特别是铁路建设比较滞后。如表 5 - 11 所示，截至 2018 年末，虽然我国高铁长度世界排名第一，但美国的铁路总长度几乎是我国的两倍。我国港口吞吐量世界排名前列，但机场排行比较落后。有"航空界奥斯卡"之称的 Skytrax 发布了 2020 年度全球 100 大最佳机场排行榜（World's Top 100 Airports 2020），排在前三位的分别是新加坡樟宜机场、东京羽田国际机场和多哈哈马德国际机场。中国香港国际机场名列第六，上海虹桥机场排名第 22 位，广州白云国际机场排名第30 位。

表 5 - 11　2018 年末中国、美国等国家铁路长度、公路长度

	美国	中国	俄罗斯	巴西	印度	英国	德国
铁路长度（千米）	250 000	131 000	86 000	37 743	66 687	17 732	43 468
公路长度（千米）	6 853 024	4 846 500	1 452 200	1 751 868	5 903 293	397 039	644 480

资料来源：铁路总长度数据来自世界铁路联盟（UIC）。

我国是社会主义国家，人民的幸福感和满意度来自普惠性、兜底性的民生项目建设。在社区医院、社区图书馆、基础性教育以及生态环境保护等方面与人民日益美好的生活需要之间仍然存在不小的差距。在这些基础性、普惠性民生建设项目方面存在很大的投资空间。譬如，保障住房建设，截至 2018 年底，3 700 多万困难群众住进公租房，累计近

2 200万困难群众领取公租房租赁补贴；10年来，全国棚户区改造累计已帮助1亿多人"出棚进楼"。群众的幸福感、获得感大大增强。党的十八届三中全会通过的《中共中央关于全面深化改革若干重大问题的决定》提出，"稳步推进城镇基本公共服务常住人口全覆盖，把进城落户农民完全纳入城镇住房和社会保障体系"。但是保障性住房难在保"量"，非营利性的保障性住房建设还需要更多地方资金投入。近几年，我国地方政府专项债券资金收入的很大比例投入到保障住房建设和地铁、公路等市政基础设施建设。可以预见，随着城镇化进程的深入推进，地方基础设施建设、民生性项目建设的巨大投资资金缺口仍然主要依靠地方政府债务工具来弥补。

（二）近几年我国地方政府债券发行量与经济周期的关联

近几年，特别是2018年以来，我国地方政府债券发行的规范性增强，需要国务院批准，但作为地方政府调控经济的一种工具，地方政府债券发行量与GDP增长率之间可能存在联系。国内有学者认为，在当前新型冠状病毒肺炎疫情冲击下，经济短期下行压力仍然不可忽视。需要通过改革财政赤字率约束并扩张地方政府债务规模，更好地发挥积极财政政策的宏观调控作用。

近两年的地方政府债券发行量与GDP情况如表5-12所示，表中列举了连续9个季度的地方政府债券发行额和GDP增量数据，从绝对数据上似乎看不出两者之间的关系。数据经过处理得到当季GDP的环比增速，将它与地方债发行额之间的关系绘制成图5-5，可以清晰地发现两者之间存在负相关关系。除2018年第一季度外，地方政府债券发行额与GDP增长率存在反向变动关系，在GDP增长率下降时，地方政府债券发行额增加；反之，当GDP增长率上升时，地方政府债券发行额减少。运用stata15软件计算结果显示，两者之间的皮尔逊相关系数为-0.13，斯皮尔曼相关系数为-0.2，具有负相关性，但并不是强负相关。可能是数据点太少的缘故，如果增加样本数，相关强度有可能会增强。

表 5 - 12　近年来季度 GDP 与地方政府债券发行额（亿元人民币）

	2018A	2018B	2018C	2018D	2019A	2019B	2019C	2019D	2020A
当季 GDP	202 036	223 962	234 474	258 809	218 063	242 574	252 209	278 020	206 504
地方债发行额	2 195	11 914	23 885	3 658	14 067	14 305	13 450	1 802	16 105

资料来源：①GDP 数据来自统计局网站；②地方债发行额数据来自财政部网站。

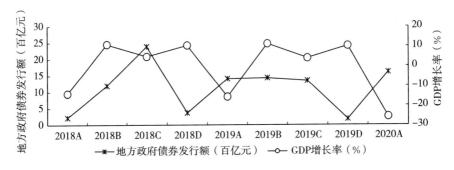

图 5 - 5　GDP 增长率与地方政府债券发行额之间的关系

第三节　地方政府债务规模扩张的限制因素

从公债的偿还视角看，公债的最终偿还依靠政府纳税，可以说公债本身提供了一个额外的税源。地方政府举债权是一种创造动产的权力，它使地方政府承担在未来周期如数偿还这种地方政府债券持有人的义务，因此，地方政府债务提供了一种跨时分配可取的税额用途手段。这笔还债的资金主要来自未来征收的税款。在单一制的国家，地方政府与中央政府一样具有充足的债务偿还信誉，不存在违约或者预期违约的情形[1]。在地方政府债务有信誉的假定条件下，地方政府具有连续的在金融市场举债的手段。本节利用布伦南、布坎南（2005）提供的公债举借总量限制的分析框架，对地方政府债务限额进行具体分析。

---

[1]　至少目前我国地方政府不存在债务违约的制度前提。

一、地方政府付息和债务偿还能力

地方政府付息和债务偿还能力，一般用地方的财政收入能力来体现。实质上，政府付息和债务偿还能力是利用授予政府的、得到法律允许的征税权在未来征税的能力。征税权是公民财产权的让渡，征税的合法性来自政府提供稳定的、品质和数量有保障的，与税收等价的公共产品或公共服务，为微观经济主体提供未来行为选择的稳定预期。我国的税制体系如表 5-13 所示。我国地方政府是中央政府的派出机构，地方政府的征税权来自国家权力机构的授权，地方政府没有课征新税和改变税率的权限。地方政府的财政收入范围由税种划分确定。1994 年分税制改革后，我国中央和地方税种的划分如表 5-14 所示。

表 5-13　我国的税制体系

流转税	增值税、消费税、关税（海关代征）
所得税	企业所得税、个人所得税
财产行为税	房产税、城镇土地使用税、城市房地产税、土地增值税、耕地占用税、车船使用税、契税、环保税
资源或特定目的税	城市维护建设税、车辆购置税、印花税、屠宰税、资源税

表 5-14　中央和地方的税种划分

中央税种	关税、海关代征消费税和增值税、消费税、中央企业所得税、消费税（含进口环节海关代征的部分）、车辆购置税、关税、海关代征的进口环节增值税
地方税种	城镇土地使用税、耕地占用税、土地增值税、房产税、车船税、契税、筵席税
中央地方共享税	增值税、营业税和城市维护建设税（铁道部、各银行总行、各保险总公司集中缴纳的部分归中央政府，其余部分归地方政府）、企业所得税、个人所得税、资源税（海洋石油企业缴纳的部分归中央政府，其余部分归地方政府）、证券交易的印花税

地方政府付息和偿还债务的能力由地方征税权决定。如果地方政府没有独立的征税权，则其还款付息和偿还债务能力由其债务偿还期，即未来的财政收入能力决定。就我国而言，地方政府未来财政收入能力会因经济发达情况而异，在地方政府税种和税率结构不变的情况下，经济愈发达地区其财政收入能力愈强。在地方财政收入中，税收收入占比会因国家财政管理体制不同而差异悬殊。在我国地方财政收入中，税收收入占地方财政一般预算收入的比重较高。国家统计局数据显示，近10年来，我国地方政府收入占全国财政收入的比重总体呈增加趋势，最近几年保持在53%以上。在地方财政收入中，地方财政税收收入占比较大，但不太稳定，基本上保持在75%上下。2019年我国地方政府财政收入及其占比如表5-15所示。可以预见，随着我国财政体制改革的深入，更多事权和财权的下放会进一步加大，地方财政税收收入占地方财政收入比重将会逐步增加。虽然我国地方政府财政收入占比较高，尤其是稳定收入来源的财政税收收入占比较高，能够有效保证地方政府未来的付息和债务偿还能力。但是，无论地方政府是否具有独立的征税权，其付息和偿还债务的能力都是透支未来的税收收入，最终由地方居民的未来纳税收入买单，并且让未来的纳税人偿还现期债务，是一种代际税负不公的表现。

表5-15　2011—2019年间我国地方财政收入及其占比

	2010	2011	2012	2013	2014	2015	2016	2017	2018	2019
全国财政收入（亿元）	83 102	103 874	117 253	129 210	140 370	152 269	159 605	172 593	183 360	190 382
中央财政收入（亿元）	42 488	51 327	56 175	60 198	64 493	69 267	72 366	81 123	85 456	89 305
地方财政收入（亿元）	40 613	52 547	61 078	69 011	75 876	83 002	87 239	91 469	97 903	101 077
地方财政收入占比（%）	48.9	50.6	52.1	53.4	54.1	54.5	54.7	53.0	53.4	53.1

（续）

	2010	2011	2012	2013	2014	2015	2016	2017	2018	2019
地方财政一般预算收入（亿元）	40 613	52 547	61 078	69 011	75 877	83 002	87 239	91 469	97 903	—
地方财政税收收入（亿元）	32 701	41 106	47 319	53 891	59 140	62 662	64 692	68 672	75 955	—
地方财政非税收入（亿元）	7 912	11 440	13 759	15 120	16 737	20 340	22 548	22 797	21 947	—
地方财政税收收入占比（%）	80.52	78.23	77.47	78.09	77.94	75.49	74.15	75.08	77.58	—

资料来源：国家统计局网站。

二、社会资本形成的债务最高水平

如果不考虑对外借债和社会资本在举债主体之间的分配结构，政府债务形成的高限就是个人的最大资本积累量。不过，个人的资本积累受税收安排制度和居民消费的时间偏好影响。本书对地方政府社会资本最高水平的分析是在逐步加紧约束条件下的分析结果。

（一）跨时段消费模型

一个社会资本形成的最终来源是家庭部门，因此个人的消费投资决策影响着社会资本形成总量。假设一个收入最大化支付为OA，即当前消费和未来消费。在第一个时段，个人努力赚取收入，并进行二元决策，要么用来消费，要么用来储蓄；在第二时段，个人不再获得收入，他的消费支出纯粹来自第一时段的储蓄本金或利息收入。个人的两时段消费行为模型如图5-6所示。纵轴表示当前的消费，横轴表示未来的消费。

图5-6中，OA代表在第一时段的最大消费，OB代表未来最大消费，因为利率为正，OB大于OA。利率由A′B/OA′表示，其中OA′等于OA。曲线AML是个人在不同利率水平下的价格消费曲线，曲线上的每一个点都是个人的最优消费决策，即代表给定利率水平下的消费均

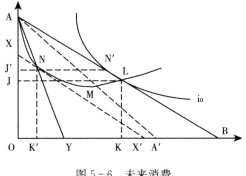

图 5-6　未来消费

衡。在没有税收的情形下，个人会安排跨时段消费，以获得 L 点所表示的均衡位置。在第一时段消费 OJ，节约 AJ，在第二时段消费 OK。如果政府征收财产税，个人对征税可能有不同的反应。如果纳税人极端无知，不考虑征税的可能影响，则其行为与无征税时相同，在第一时段节约 AJ，消费 OJ，AJ 代表个人在第一时段结束时的资本存量。政府为达到收入最大化目标，可能会事先公布一种资产税的税率，诱导纳税人转向价格消费曲线的最低点 M 处消费，纳税人做出选择调整后，政府可能课征没收性的税，从而获得全部资本作为资产税。如果纳税人预期到政府没收所有资本积累符合其利益，个人则在第一时段把全部收入消费掉，不愿意节省任何资本，仅限于征收财产税的政府得不到任何税收。在这种极端情形下，A 点代表个人第一时段所能达到的最高效用水平，这种情况下，不存在任何资本积累。因此，政府得不到任何税收。这种双方共输的博弈困境，需要政府进行约束性规则的制定。政府会选择收入最大化的规则，预先公布使地方政府收入最大化的税率规则。选择使个人处在图中 N 均衡点的税率，这里有一条与 AB 平行且与价格消费曲线相切的直线通过，即 XX′线。个人选择消费 OJ′，节约 AJ′，从这种节约中得到的税收为 X′B，留给纳税人在第二时段的净消费是OK′。在这个跨时段模型中，政府所纳税收取决于个人的消费节约选择，取决于政府设计的税率结构。这是对全国财政收入的可能分析，若下降到地方政府层面，可以通过增加小于1的系数获得地方政府的课征税额。无论地方政府是否有征税权，这个模型明确表明了纳税水平受到个人消费决策的影响，即一个国家的国民节约倾向越明显，国家和地方政府越是可能实现财政收入最大化，未来越有充足的税源偿还本金和利息。

（二）个人对政府举债的消费反应

政府在举借债务时，理性个人会考虑举债行为所形成的未来边际纳税义务的增加，从而调整个人消费行为，造成对社会资本形成最高水平的限制。以代表性（典型）个人的消费对举债的反应行为进行分析，在图5-7中，代表性个人的最大资本积累量由AP表示，即价格消费曲线①在N处达到最低时的资产节约水平。无论未来的纳税水平如何，政府获得收入的数额不可能多于当期节约量。如果典型个人可以自由购买政府债券，收入最大化的政府可以获得的最大数量取决于典型个人的决策反应。如果个人意识到购买当期债券意味着未来期间更多的纳税义务，典型个人会通过增加当期消费，逃避一部分未来承担的政府债务（债券）。政府在当期出售债券得到的最大税额，由图5-7中AM计算出的数量。假如典型个人不折现未来纳税债务并不相应地改变其消费——节约行为，发行债务（债券）可以得到更多的税收。如果由于某种原因在一个特定的投资环境下政府债务利息率更有吸引力，典型个人将因政府债务（债券）的投资回报采取行动，最大限度购买政府债务（债券），把当期收入的节约最大化为公共债务投资。在图5-7中，以AP距离表示这一最大化购买债券的限度。如果政府为鼓励个人投资采取债券利息收入免税的优惠政策，个人最大限度调整消费行为获得尽可能最大数额的节约资金购买债券的动机会更为强烈。因此，微观个人对政府公债发行限度的影响，类似于"小河有水大河

---

　　① 这里的价格可以理解为等量收入在当前消费与未来消费之比，由资产利息率决定。价格消费曲线是代表性个人在不同资产利息率水平下的消费均衡点轨迹。

满"的规律。这需要政府做更多的事情,在假定个人消费有限理性的前提下,政府应该适度引导个人调整消费边界,将更多资金投向社会可欲的投资项目,提升个人公共消费的平均水平,最大限度改善整体社会福利水平。

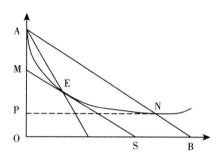

图 5-7 对政府举债的消费反应

公共经济学中假定政府是利维坦式的,即意在获得收入最大化。收入最大化政府并不能否定政府实现社会福利最大化的努力。由于未来预期对个人投资于政府债券的影响也很显著,永久性利维坦政府得到维持的前提是能实现国民渴求的合意的社会福利水平,让国民保持对未来的良好预期。良好的预期更多取决于政府债务资金收入的合理投向,政府的自律和项目投资的高效率等,诸如此类制度环境的改善更为重要。

中国居民家庭有储蓄的传统习惯,中国的总储蓄率近十年持续下降,2019 年在 2018 年 44.7% 的基础上下降到 44.6%,仍然是世界上储蓄率很高的国家。虽然有学者认为劳动力市场的高风险率和家庭耐力是中国居民家庭高储蓄率的重要原因,但相对其他国家,我国大多数居民家庭对地方政府举债引起的税收效应相对不太敏感,因此,总体而言,我国地方政府举债具有比较充足的财源。

(三)其他结构性约束

政府不具有对外征税能力,但具有对外举借债务的能力,对于经济繁荣国家而言,政府筹措外债相对比较容易。比较而言,举借外债受到的约束条件宽松得多，外债仅是政府和债券购买者之间的自愿交换，不存在未来税收能力的限制，不存在个人跨时消费约束。无论个人对未来纳税义务的预期如何，政府举借外债不会对个人消费行为调整有任何影响，即个人无法做出替代性的选择或抵消性的行为调整，即便个人能够完全预期到未来承担的周期性纳税负担。因此，个人适应性调整的消费行为对债务规模不能构成限制。在这种情况下，政府举债规模的限制来自未来期间税额资本化的总值，政府在掌权期间能够征收收入最大化的当期税。因此，在对外举债情况下，政府"债务负担"潜在地要比对国内举债大得多，隐藏的风险奇高。所以，对外举债能力要受到严格的法律约束。

对外举借债务使政府拥有占有全部未来税额的现值，政府可以从无限期的未来满足其征税欲望。对地方政府而言，拥有对外举债权实质上是对税源的无节制滥用，必须受到特别严厉的限制。《关于地方政府不得对外举债和进行信用评级的通知》（国办发〔1995〕4号）明确规定："根据国家现行有关法律和规定，地方财政不能搞赤字预算，地方政府无权对外举债。因此，地方政府没有必要进行信用评级"。发行境外外币债券属于借用国际商业贷款范畴。因此，必须严格按照国务院关于加强借用国际商业贷款的有关规定办理，即借用国际商业贷款必须有国家计委批准的借款指标，纳入国家利用外资计划；包括发债在内的对外筹资，必须由中国人民银行批准的具有国际融资业务经营权的金融机构办理；对外筹资的方式、成本、市场、时间等由国家外汇管理局审批、监督和管理①。由此可见，在我国的财政和外债管理体制下，地方政府没有对外举债的权限。

三、地方政府债务规模的制度性约束

从财政管理体制改革的深度而言，以2017年为界限，地方政府债

---

① 中华人民共和国对外经济法律法规汇编，《国务院办公厅关于地方政府不得对外举债和进行信用评级的通知》（国办发〔1995〕4号）。

务规模的约束性制度分为两个时期：一是柔性制度约束阶段；二是刚性制度约束阶段。

（一）地方政府债务规模的柔性制度约束

从我国地方政府债务管理实践看，为防止地方政府债务规模过度膨胀，2010 年底开始对地方政府融资平台公司的管理。此后，对地方刚性制度约束阶段政府债务规模的管制进一步强化，2014 年 9 月发布的《关于加强地方政府性债务管理的意见》在赋予地方依法适度举债权限的同时，加强了对地方政府债务的监管，明确提出要把地方政府债务分门别类纳入全口径预算管理，并将存量债务纳入预算管理。此后，对融资平台公司债券资金的使用投向、平台贷款数额，以及各级地方政府发债融资平台的数量进行严格限制，并加强对融资平台公司注资行为管理，制止地方政府违规担保承诺。这段时期，地方政府债务余额持续增加。2016 年度中央预算执行和其他财政收支的审计工作报告指出，"至2017 年 3 月底，审计的 16 个省、16 个市和 14 个县本级政府承诺以财政资金偿还的债务余额，较 2013 年 6 月底增长 87%，其中基层区县和西部地区增长超过 1 倍；7 个省、6 个市和 5 个县本级 2015 年以来，通过银行贷款、信托融资等形式，违规举借的政府承诺以财政资金偿还债务余额高达 537.19 亿元。"2007—2014 年间地方政府债务年增加额如表 5 - 16 所示，可以发现，2009 年新增债务达到历史顶峰，连续两年下降，2012 年开始重启增长态势，直到 2014 年，新增地方政府债务额达到高点，接近 2009 年的边际增量。

表 5 - 16 2007—2014 年间地方政府新增债务额（万元人民币）

	2007	2008	2009	2010	2011	2012	2013	2014
北京市	2 328	2 399	4 456	4 849	3 558	4 251	4 923	4 542
天津市	1 062	2 404	5 073	3 143	2 934	3 404	3 694	3 759
河北省	34	258	770	1 824	534	726	947	2 241
山西省	53	153	662	270	340	654	430	196
内蒙古自治区	183	62	642	336	103	416	284	—6

（续）

	2007	2008	2009	2010	2011	2012	2013	2014
辽宁省	328	188	1 694	846	1 283	617	819	770
吉林省	146	128	294	165	185	239	375	294
黑龙江省	93	357	675	536	442	776	667	216
上海市	1 138	1 785	3 524	2 401	1 098	1 060	1 653	861
江苏省	2 061	1 686	7 428	5 648	2 910	6 774	5 904	8 120
浙江省	905	1 638	3 954	2 127	1 709	2 837	3 183	4 096
安徽省	706	700	1 624	1 069	1 128	1 671	1 444	1 852
福建省	551	764	1 602	1 745	1 321	1 464	1 568	2 079
江西省	173	303	468	905	536	815	1 059	1 115
山东省	539	716	2 242	1 516	1 015	1 176	1 792	1 920
河南省	327	1 468	936	821	162	858	1 268	1 591
湖北省	485	473	2 749	1 805	1 267	1 326	1 887	2 762
湖南省	400	311	1 690	1 463	1 462	1 537	1 798	2 033
广东省	1 414	1 303	3 164	2 179	2 096	1 430	2 128	4 831
广西壮族自治区	658	205	1 462	796	638	876	1 033	1 766
海南省	61	73	70	19	59	19	54	63
重庆市	1 142	974	2 877	1 781	2 452	2 432	2 241	2 055
四川省	3 445	1 552	3 842	3 146	3 132	2 941	2 889	2 838
贵州省	345	87	1 570	1 053	939	776	1 495	1 873
云南省	563	193	3 005	963	388	1 360	811	2 020
陕西省	1 248	444	1 564	1 349	975	1 163	839	1 852
甘肃省	64	890	574	539	836	896	992	1 093
青海省	37	35	107	91	146	139	240	203
宁夏回族自治区	6	13	25	47	1	24	30	57
新疆维吾尔自治区	35	460	557	606	638	626	810	812
总计	22 537	22 023	59 299	44 040	34 285	43 281	47 257	57 905

注：①资料来源于 WIND 数据；②表中地方政府债务主要包括地方政府贷款和城投债。

为将地方政府债务纳入规范管理制度体系，呼应财政投融资体制改革要求，从 2015 年 1 月 1 日起，允许地方政府通过发债筹集资金，赋予其合法举债主体地位。同年，公布了地方政府专项债券和一般债券的发行要求和流程。此后，每年各地方政府债券发行额统一由国务院确定，报全国人民代表大会或者全国人民代表大会常务委员会批准。但受2015年经济下行压力影响，地方政府债务管理约束有所松动，地方政府借助融资平台，以PPP项目为载体扩张债务，银行等金融机构以"金融创新"名义为城投公司平台输送资金，为地方政府举债提供资金源。

（二）地方政府债务规模的刚性制度约束

2017年，经济增长趋势见好，地方政府债务监管政策随之趋紧。从2017年2月到2018年12月，共出台16个针对地方政府债务的文件，主要意图在于严格监管以防控风险，以地方政府、城投公司以及金融机构为监管对象，监管目的在于制约监管对象的机会主义融资行为，减少地方政府债务转嫁给中央政府的机会。一方面采取监管措施监控地方政府违规举债，另一方面开通地方政府举债通道，允许地方政府在限额内发行债券。因此，这段时间地方政府债务规模增量相对比较稳定，如表5-17所示。2017—2019年，地方政府债务年增加额保持在4万多亿元人民币，债务规模在合理区间。2020年，受疫情影响，地方政府宏观调控刺激经济职能加强，在第一季度发行了大量地方政府债务，占到全年地方债指标额度的近一半。总体上，实施刚性制度约束以来，由于存量地方政府债务不断消化吸收，用于置换和再融资途径的地方政府债务额度呈逐年下降趋势，地方政府债务风险得到有效控制。

表5-17　2017—2020年地方政府债务增加额（亿元人民币）

	2017	2018	2019	2020		2017	2018	2019	2020
一般债券	23 619	22 192	17 742	6 733	新增债券	15 898	21 705	30 561	16 626
专项债券	19 962	19 460	25 882	12 240	置换债券再融资债券	27 683	19 947	13 063	2 347
总额	43 581	41 652	43 624	18 973	总额	43 581	41 652	43 624	18 973

注：①资料来源：中华人民共和国财政部；②2020年数据截至2020年4月份。

在此期间，新发行地方政府债务的发行期限和平均利率如表5-18所示。可以观察到，平均发行期限逐年延长，由2017年的6.1年增加到2020年的15.5年。随着平均发行期限的延长，平均发行利率呈逐年递减趋势，由2017年的3.89%下降到2020年的3.21%。

表5-18　2017—2020年地方政府债务发行期限和利率

年份	发行期限（年）			发行利率（%）		
	平均	一般债券	专项债券	平均	一般债券	专项债券
2018	6.1	6.1	6.1	3.89	3.89	3.9
2019	10.3	12.1	9	3.47	3.53	3.43
2020	15.5	17.1	14.6	3.31	3.21	3.37

注：①资料来源：中华人民共和国财政部；②2020年数据截至2020年4月份。

第六章 地方政府债务规模
扩张的区际比较

从地方政府债务管理实践看，为防范地方政府债务规模过快扩张引发系统性风险，我国对各地方政府债务实施了整齐划一的严格控制。但从 2010 年国务院多次发文加对强地方政府债务的管理，到 2014 年《国务院关于加强地方政府性债务管理的意见》（国发〔2014〕43 号），以及 2015 年新预算法的出台，一直没有较好抑制地方政府的举债冲动。地方政府债务规模逆向扩张现象引发学界持续广泛的思考，对此一个普遍解释是地方政府债务在驱动经济增长中发挥了重要作用，地方政府债务规模是如何并以什么样的程度影响地方经济增长的？地方政府债务规模对经济增长的效应存在哪些区域差异？为优化经济资源在公私领域的合理配置，并依据区域差异性对地方政府债务管理精准施策，探讨地方政府债务规模扩张的经济增长效应，并从多个关键指标进行区际比较，是目前公共经济学研究迫切需要解决的问题。

第一节 文献回顾

一、地方政府债务与经济增长

大多数文献研究发现地方政府债务促进了地区经济增长，但是其经济增长效应却因时间周期、区域经济发达程度、债务率水平、社会投资率水平以及债务性质的不同而存在异质性。

（一）地方政府债务的经济增长效应

朱文蔚、陈勇（2014）研究认为地方政府债务促进了区域经济增长，但增长速度不具有收敛性特征。刁伟涛（2016）考虑经济增长和地方政府债务在空间上的关联性后，发现中国地方政府债务对于经济增长具有促进作用，但是空间溢出效应不明显，地方政府债务的经济增长作用仍有进一步扩张的空间。武靖州（2018）认为地方债务促进了经济增长，然而经济增长引发的债务增长显著大于债务对经济增长的提升作用，因此地方债务驱动的经济增长是缺乏效率和不可持续的。张子荣、赵丽芬（2018）的研究考虑了与隐性债务相关的影子银行，实证分析表明地方政府债务明显推动了经济增长和影子银行规模，经济增长显著促进了影子银行和地方政府债务规模，但影子银行在促进经济增长和地方政府债务规模方面作用有限。

（二）地方政府债务对经济增长作用的异质性

国外学者研究认为政府债务对经济增长的作用存在跨国异质性（Markus Ahlborn，Rainer Schweickert，2018）。国内研究发现，地方政府债务对经济增长的作用因时长不同而悬殊。缪小林、杨雅琴等（2013）的研究发现，短期地方政府债务支出构成地方经济增长的原因，并具有一定的促进作用；但长期来看，地方政府债务支出对地方经济增长的促进作用逐渐收敛为 0，甚至出现负作用。邱栎桦、伏润民等（2015）利用动态随机一般均衡模型和动态面板模型分析两者关系时同样支持了上述观点。研究发现：短期内政府债务对经济增长起到了促进作用，但长期内政府债务对经济增长无显著作用。

地方债务对经济增长的效应因经济增长水平差异悬殊（黄昱然 等，2018），在经济不发达地区、高金融支持力度地区以及人口迁出地区更为明显（胡奕明、顾祎文，2016）不同债务率地区的经济增长效应存在差异，相比于低债务地区，高债务地区的经济增长效应更明显，系数更显著。陈志刚、吴国维（2018）的研究颇具相反观点，认为债务率较低地区地方政府债务对经济增长的促进作用显著，而债务率较高地区的作用不显著。

在区域比较中，与东部地区相比，中西部地区地方政府债务对经济增长的效果更为显著（沈桂龙、刘慧 等，2017）。地方政府债务对县域经济增长的促进效应较弱，由于挤出效应的存在，在社会投资率越高的地区，地方政府债务经济效应越低，反之则较高（缪小林、伏润民，2014），高杠杆率地区地方政府债务对经济增长的影响程度高于低杠杆率地区（刘全金、艾昕，2017）。朱娜、胡振华等（2018）发现我国地方政府债务中负有偿还责任的债务对经济增长起到较好的促进作用，而地方政府或有债务对经济增长既没有表现出显著的促进作用，也没有表现出明显的抑制作用。

二、地方政府债务的适度规模

国内外相关文献研究一致表明，政府债务与经济增长之间存在显著的门槛效应，并验证了政府债务与经济增长之间的倒 U 形关系（Caner，2010；Baum，2013；Greiner，2012），即地方政府债务水平未达到债务平衡点时，地方政府举债的积极效应显著，促进经济增长，突破债务平衡点后，地方政府债务将抑制经济增长。

（一）政府债务负债率门限及其特殊性

Reinhart 和 Rogoff（2009）对 40 多个国家进行调查研究后得出结论：在相当长一段区域内，债务风险无关紧要，但如果一国债务占GDP 的比重达到 90％以上，经济增长就会中断，新型工业化国家则会在超过 60％时停滞。刘金林（2013）对 OECD 国家债务数据进行分析，得出政府负债率[①]的临界值为 60％，当政府负债率超过 60％时，政府负债的边际经济增长效应将为负。徐文舸（2018）估算该负债率[②]在90％～110％区间内，同时一国老龄化程度越高以及金融发展水平的过度深化将抑制该国经济增长。

基于内生增长机制的三部门世代交叠模型，闫先东、廖为鼎（2017）讨论了政府举债为公共项目融资时的长期均衡。研究发现，均

---

① 政府内债率是政府内债占总债务的比率。
② 地方政府负债率是地方政府债务余额占 GDP 的比值。

衡的政府债务比重受公共投资比重、公共投资的债务融资比重和民间资本产出弹性等参数的影响。其中，政府公共投资比重和公共投资债务融资比重均与均衡债务规模成正比，民间资本产出弹性与均衡债务规模先成正比后成反比。基准情形下，各参数按照平均水平取值时，经济系统的均衡政府债务占产出的比重为113.9%；若取上下限时，我国均衡政府债务比重的合理区间为［108.2%，137.4%］。根据我国目前的情况，当前我国政府债务比重仍存在上升空间。

Blavy（2006）发现政府负债率超过21%时将抑制经济增长。邱栎桦、伏润民等（2015）利用动态面板门槛模型发现政府债务阈值为20%，当负债率低于阈值时，地方政府债务促进经济增长；反之，两者之间不存在显著关系。有学者估测地方政府负债率的阈值为15%，当地方政府负债率超过15%时，负面作用开始显现，在我国西部地区、债务规模较高地区，政府债务规模扩张对经济增长有显著的抑制效果（韩健，程宇丹，2018）。有的研究结果表明地方政府平均新增债务负债率的阈值为8.11%（刘伟江，王虎邦，2018）。刁伟涛（2017）构建的面板门限模型表明地方政府债务率[①]的阈值为112%，地方债务率高于112%之后，对经济增长的促进作用不再显著。

有学者认为阈值的存在具有特殊性，地方政府债务与经济增长之间的关系并非是非线性关系这么简单。提出高水平的公共债务对经济增长的负面影响是一个经验问题，阈值的存在和债务与经济增长之间存在非单调关系（Ugo Panizza，Andrea F. Presbitero，2013）；Vicente Esteve and marit（2018）运用计量历史学分析模型实证研究表明，特定国家（如西班牙）政府债务与经济增长存在长期负相关，但没有明显证据表明存在债务门槛。

黄昱然、卢志强等（2018）研究发现不同地方负债压力的差异会影响政府举债的经济增长效应，当政府负债压力低于18.504，偿债压力

---

① 地方政府债务率是地方政府债务存量与地方政府综合财力的比值。

低于 95.031 时，地方政府适度举债能增加地方政府收入及投资，促进经济增长。

（二）阈值的区域差异性

在阈值的区域异质性研究方面存在学术观点差异。陈菁（2018）提出相对发达地区而言，欠发达地区地方政府债务对经济增长的促进作用更显著且强度更高，其门槛值也处于更高水平。当超出门槛值时，对欠发达地区而言地方政府债务对经济增长的消极影响也更加强烈。毛捷、黄春元（2018）认为地方政府债务对经济增长的影响呈现显著的区域差异，相较于经济发达地区，中西部和东北地区的债务平衡点较低，地方政府债务规模的持续膨胀在这些地区更易对经济增长产生负面效应。有学者的实证研究得出相反结论，刘伟江、王虎邦（2018）认为地方政府债务的门槛值在西部地区、中部地区和东部地区依次递减，东部地区新增债务率的门槛值为 7.36%，低于全样本水平 8.11%，中部地区的这一水平为 8.13%，西部地区新增债务率的门槛值为 12.3%，高于全样本水平。

三、地方政府债务对经济增长的影响机制

有学者把流动性作为关键影响因素，认为地方政府债务通过流动性对经济增长产生影响，大量流动性被用于清偿巨额到期债务，导致中国经济增速下行（吕健，2016）；有学者给出"债务—基础设施投资—经济增长"的影响机制，认为债务可促进基础设施完善和地区经济增长（徐长生、程琳 等，2016），刘霞、浦成毅（2014）提出"地方政府债务—私人投资—经济增长"的影响机制，以地方政府债务工具为政府生产性投资融资时，社会总资本存量的增加对经济增长起到基础性作用，政府债务规模扩张将会促进私人投资增加，从而促进经济增长。张启迪（2015）认为政府债务的提升通过"利率—投资"渠道对经济增长产生负面影响，即政府债务的增加对于利率水平具有提升作用，利率的提高会导致投资下降，进而引发经济增长率下降。

程宇丹、龚六堂（2015）在内生框架内研究地方债务对经济增长的

作用机制，提出政府债务的改变通过税收、公共支出和转移支付三种财政政策影响经济增长。当征收扭曲税时，地方政府债务规模的改变同时通过以上三种方式影响经济增长，地方政府债务负担率的提高在长期损害经济增长；当征收非扭曲税时，地方政府债务规模的改变仅影响非扭曲税税率，地方政府债务负担率的提高对经济增长的影响是中性的。

四、新型城镇化与地方政府债务关系的研究

新型城镇化涉及范围较广，包括基础设施建设、公共服务供给、民生项目等，对资金需求量巨大，单靠财政投入明显不足，地方政府举债成为可以依赖的较为稳妥的融资工具，也可以引入公私合作伙伴关系支持城镇化发展。

相关研究地方政府债务与城镇化关系的文献相对较少，主要观点有：地方政府债务规模是城镇化水平的内生变量，且两者存在长期均衡（陈会玲　等，2018）；城镇化水平越高，城投债信用利差越大（陈浩宇、刘园，2019）；各省推进城镇化进程与地方债务规模风险存在强直接相关关系，城镇化推进速度过快会加大债务风险爆发的概率（王周伟、敬志勇　等，2015）。成涛林、孙文基（2015）研究发现城镇化率的提升会显著提高地方政府债务率，两者之间呈正相关关系。徐长生、程琳　等（2016）认为地方政府举债融资对我国城市化发展有显著的正向促进作用，但在不同经济发展水平的分位数上影响系数存在显著差异，落后地区由于投资环境较差在地方政府举债融资过程中处于劣势，举债融资效率低，效果不如人意。

魏博文、吴秀玲（2016）提出在城镇化建设过程中，地方政府债务和民间资本在作用效果上存在一个"此消彼长"的分界点。达到分界点之前，地方政府债务的作用较强，在城镇化建设中发挥主导作用，地方政府债务规模会不断膨胀；超越分界点后，地方政府性债务对城镇化建设的作用逐步减弱，民间资本的作用效果逐渐增强。

综上所述，学界对地方政府债务规模与经济增长关系的研究成果比

较丰硕，研究内容涵盖得比较全面，研究方法以实证分析为主，工具多元。但不足之处在于：①缺乏从区际比较视角对地方政府债务的经济增长效应进行集中研究。现有的区域异质性分析涉及经济发达程度、人口迁出率（胡奕明、顾祎雯，2016）和东、中西部不同区域（陈志刚、吴国雄，2018），未能从反映区际本质差异的更多指标方面进行对比分析，比如城镇化水平、债务负担率、基础设施水平、债务余额与土地出让金收入关系等；②对经济增长效应的分析局限于经济增长速度，没有反映经济增长质量；③未能充分考虑地方政府债务的经济增长效应作用时期。中国正处于体制制度急剧改革时期，不同时期代表不同的制度环境外生变量，外生变量的不同将对两者的关系具有实质性差异。如果不考虑实证分析的外部制度条件，得出的结论很可能失去真实意义。

本书考虑了区际比较的更多关键指标，包括经济发展水平、城镇化水平、基础设施水平、固定资产投资、债务水平等，可以较为全面地比较地方政府债务的经济增长效应差异。另外，在除了选取经济增长率指标外，还采用劳动生产率提高率指标衡量地区经济增长质量，跳出经济增长速度的传统思路，从更深层面研究地方政府债务经济增长效应的区域差异性。最后，选取的时期区间内地方政府债务扩张行为及其制度背景具有一致性，剔除了外生变量不同带来的误差，能够更为精准地进行区际比较。

第二节 理论假说

一、基础设施投资、地方政府债务与经济增长

（一）地方政府债务收入通过投向发展性公共基础设施，得以促进经济增长

伴随城镇化和工业化的快速发展，公共基础设施投资需求旺盛，同时，公共基础设施的完备与发达推动着城镇化的衍生和质的演变。另外，地方政府官员从晋升利益出发，偏好于投资基础设施特别是对于绩

效考核具有显示度的能直接促进经济增长的发展性公共投资。实证分析结果表明：城镇化水平与基础设施投资额显著相关，基础设施投资每增加2 000亿元，城镇化率将增加一个百分点；若要满足城镇化对基础设施投资的各类需求，每年的基础设施投资增长速度大约应该维持在10%左右（蒋时节，2010）。据测算，2014—2020年间，城镇化新增基础设施投资总量大概为 168 647 亿元，而同期地方新增可用财力为102 260亿元，不考虑地方政府的其他支出项目，地方所有财力用于城镇化基础设施投资，将新增地方债务 66 387 亿元（成涛林，2015）。可以预测，"十四五"期间随着城镇化水平的提高中国基础设施投资总量需求还会继续扩大。尽管多年来我国地方财政收入总额呈不断上升趋势，但在城镇化过程中满足大量人口对公共服务和公共产品的需求方面，地方政府财政入不敷出。历史和实践证明，地方政府债务是弥补财政缺口的有效工具，为经济增长奠定生产力持续发展的基础。

（二）地方政府债务引领社会资源投向人本性基础设施领域，推动经济增长

新型城镇化下满足人民日益增长的美好生活需要，不仅涵盖大量发展性基础设施，也包含内容宽泛且低价的甚至免费供给的医疗、教育、社会保障等人本性民生型基础设施。历史实践表明，人本性基础设施的创造对人民生活质量的提高直接做出贡献，有充分的证据表明，即使收入水平相对较低、为所有人提供医疗、教育和社会保障的国家，可以在全体人民的寿命和生活质量上取得非常突出的成就（森，2002）。教育、医疗和社会保障是决定国民素质的重要基础。教育是国家的未来生产力，医疗和社会保障的发展和完善有利于促进国民体魄健康，是智力资源提升的物质基础。因此，地方政府通过发行债务将社会资源引领向人本性基础设施领域，有利于为国家未来生产力的发展储备智力资源和健康资源，促进长期经济增长，有利于进一步扩大税基并培育新税源，增强地方政府的财政支配能力，有利于实现社会经济增长的良性循环。

研究表明，政府对公共基础设施的投资对高经济回报和生产率增长具有很强的解释力，并提高了居民的生活水平（David A. aschauer，1989）。譬如，公路系统的建设促进了旅游业的发展，并大幅度降低了运输成本。另外，人力资本对生产率也有重要影响。政府通过教育支出和公共健康上的支出，可以有效提高生产率。通过对教育和培训项目的投资增加，对经济增长产生相当大的影响。国外经济学家实证了中学的入学率和实际 GDP 存在显著的正相关性（Claudia Goldin 和 Laurance Katz，2008）。在医疗和社会保障等公共健康和公共福利上的投资虽然不是直接的人力资本投资，但它能使国民更健康并更具生产性能力。

由此得到假设一：基础设施水平越高，地方政府债务越高，越有利于经济增长；反之，则相反。

二、城镇化水平、地方政府债务与经济增长

经济增长推动城镇化由低级阶段向高级阶段演进，在这一过程中，新型城镇化不仅推升了经济增长的稳态水平，而且将地方政府债务不断推向新高（周泽炯、杨勇，2019）。武靖州（2018）研究发现，城市化水平的提高可以显著提升经济发展，并降低地方政府债务规模。虽然城镇化水平在推动地方政府债务规模扩张过程中促进了经济增长，但是并不能肯定这种关系是线性的和单调的。由于政府投资和私人投资存在挤出效应。因此，在不同城镇化水平下，政府投资对私人投资的挤出效应可能不同，这种差异下地方政府债务规模扩张与经济增长的关系可能出现逆转。在城镇化发展的中低阶段，城镇发展所需的发展性、人本性基础设施大都以政府投资为主导，挤出效应可能并不明显，但到了高级阶段，经济发展需要更多的科技创新，需要更多私人投资的推动，政府的挤出效应可能会很大，从而抑制经济增长。因而，城镇化水平越高，地方政府债务规模的扩大可能越不利于经济增长。

由此得到假设二：城镇化水平越高，债务水平越高，越不利于经济增长。

三、经济发展水平、地方政府债务与经济增长

地方政府债务的经济增长效应主要是通过公共投资作用机制，公共投资增加会促进公共基础设施的完善，有助于降低私人投资的交易成本、信息成本以及制度成本等，进而推动私人投资需求增加，由公共投资和私人投资组成的社会总投资增加。在古典经济发展模型中，资本存量的增加是推动经济增长的主要因素。因此，地方政府债务作为资本性支出的融资来源，通过投资驱动和资本积累在经济发展的一定阶段能够促进经济增长。但是，当经济发展到较高水平时，边际公共投资量下降，经济增长主要依靠技术进步和人力资本实现，且由公共投资形成的公共物质设施处于饱和水平，继续扩大地方政府债务规模将对私人资本造成较大的挤出效应，不可能再持续推动经济增长。因此，经济增长水平不同的地区，地方政府债务的经济增长效应差异悬殊。

由此得到假设三：经济发展水平越高，债务水平越高，越不利于经济增长。

四、债务水平、地方政府债务规模与经济增长

债务负担率不同的地区，地方政府债务的经济增长效应是否存在区域异质性？地方政府债务与经济增长存在的倒 U 型关系表明，当地方政府债务规模扩张到一定程度时，边际债务所带动的经济增长可能是负的。由于中国不同区域经济发展水平、城镇化水平差异悬殊，同一水平的债务负担率下，地方政府债务的经济增长效应可能存在较大差异，同样在债务负担率不同的地区，同等规模的地方政府债务的经济增长效应也可能存在不同，考察债务水平、地方政府债务与经济增长间的关系很有必要。目前，中国总体上处于城镇化中期阶段，发达地区还继续依赖地方政府债务融资投资于人本性基础设施建设，因此发达地区的地方政府债务负担率可能仍处于较高水平，而经济发展水平越高的地区，地方政府债务的增加越不利于经济增长。

由此得到假设四：债务水平越高，越不利于经济增长。

第三节　实证分析

一、变量及数据处理前的工作

（一）变量和样本数据

核心变量包括经济增长（gr）、经济增长质量（npr）和地方政府债务规模（dr）。经济增长是本研究中的核心被解释变量，以经济增长率为衡量指标。遵循"不重总量，重质量和人均"的原则，采用人均实际GDP增长率，即，将人均GDP除以CPI指数换算为人均实际GDP，计算其较上年的增长率。经济增长质量以劳动生产率的提高率来衡量，劳动生产率用地方GDP除以当地就业人数来计算。地方政府债务规模是反映地方政府债务水平指标，用地方政府债务负担率作为核心解释变量，由地方债务余额除以地方GDP得到，有利于消除量纲，也是对地方政府债务研究的通常做法。另外，为检验地方政府债务与经济增长之间是否存在非线性关系，以债务负担率的二次项（$dr2$）为非线性衡量指标。为剔除被解释变量对解释变量的反向影响，对所有核心解释变量均滞后一期（$dr1$）处理。

控制变量主要包括人口增长率（pop）、城镇化水平（urb）、基础设施投资率（fcr）、地方财政赤字率（fdr）、通货膨胀率（cpr）、科技创新（npc）、人均教育费用（ppe）、固定资产投资率（fip）、边际债务替代率（mlq）。人口增长率（pop）以各省人口总数的增长率作为衡量指标，是影响生产率增长的主要指标；城镇化水平以城镇化率（urb）衡量城镇化水平，不同的城镇化阶段，经济增长速度会表现出差异性。城镇化率数据来自中国统计局网站的公开数据；基础设施投资率以人均拥有的基础设施投资来衡量；财政赤字率是用财政赤子占GDP的比重（fdr）表示，财政赤字可以用地方公共财政收入加上中央的转移支付减去地方公共财政支出计算得出；通货膨胀是用通货膨胀率指标来衡量，以CPI指数的上涨率（cpr）计算通货膨胀率；人均教育费用以人均公共财政教育经费占 GDP 的比重（ppe）来衡量，作为惠民性的主要衡量指标；科技创新以地方研发投入占 GDP 的比重（npc）测量，作为创新性的主要衡量指标；以固定资产投资占当地 GDP 的比重（fip）作为固定资产投资率的衡量指标；以土地出让金收入变化导致的地方政府债务规模变化量作为边际债务替代率衡量指标。

　　本书对地方政府债务规模急剧扩张时期的变量关系进行探索，选用 2007—2014 年共 8 年的数据，地方债务余额数据来自 WIND 数据库的公开数据，其统计口径主要包括地方政府贷款、地方政府债券和城投债[①]。其他数据来自《中国统计年鉴》《中国财政统计年鉴》及各地方统计年鉴数据。由于西藏自治区有部分数据缺失，样本选取全国的 30 个省、自治区和直辖市。

（二）数据描述性分析

1. 描述性统计指标

　　用 stata15 软件对相关变量进行描述性统计分析，所得到的描述性统计指标如表 6-1 所示。在对某些影响因素进行区际比较分析时，其分类依据会采用表 6-1 中所列出的描述性统计指标，如整体均值、上四分位数和下四分数等。

表 6-1　各变量的描述性统计指标

变量	均值	标准差	最小值	最大值	p25	p50	p75
dr	41.30	36.5	2.41	179.74	15.04	30.80	54.59
urb	52.37	13.78	28.25	88.61	43.19	49.72	57.83
npc	1.40	1.03	0.21	5.98	0.74	1.11	1.69
pop	0.90	1.58	−5.07	13.62	0.27	0.61	1.00
fcr	2.37	1.26	0.41	7.02	1.43	2.15	3.03
gr	14.27	5.15	1.64	30.09	10.18	14.51	18.22
cpr	3.41	2.15	−2.3	10.1	2.30	3.10	5.2

　　① 本数据是由中南财经政法大学鲁元平博士整理而得，在此表示诚挚感谢。

（续）

变量	均值	标准差	最小值	最大值	p25	p50	p75
fip	67.11	19.08	25.36	124.22	54.22	67.85	79.80
ppe	3.59	1.39	1.62	9.07	2.53	3.21	4.22
fdr	10.69	8.88	0.05	51.37	3.88	9.40	13.31
mlq	0.77	6.62	−59.20	67.41	−0.19	0.31	0.91

注：限于篇幅，舍去了组内和组间统计指标，只列出了整体统计指标。

2. 因变量随时间改变的趋势图

为观察因变量的变化趋势，以省份为单位，绘制出 30 个省份中三个因变量即经济增长率（gr）、经济增长率的前三项平均值（grq）和劳动生产率提高率（npr）随时间改变的趋势图，如图 6-1 所示。可以发现，整体趋势是下降的，但劳动生产率提高率起伏较大，其他两个因变量变动相对平缓。

（三）数据处理前的检验

由于是面板数据，需要考察横向截面和纵向时序的动态变化，需要充分考虑内生性、异方差和自相关等问题。本书实证分析所用的数据属于短面板数据，一般不需要考虑异方差和自相关。

1. 多重共线性检验

进行方差膨胀因子检验，见表 6-2，VIF 值均小于 10，不存在多重共线性问题，平均方差膨胀因子为 3.14。

表 6-2 各变量的方差膨胀因子

变量	VIF	1/VIF	变量	VIF	1/VIF
urb	6.13	0.163 065	$gr1$	1.93	0.517 199
fip	5.48	0.182 324	fdr	1.78	0.560 958
fcr	5.40	0.185 193	dr	1.64	0.608 801
ppe	4.46	0.224 296	npc	1.53	0.655 271
pfe	3.91	0.255 963	mlq	1.24	0.809 563
pop	2.18	0.459 321	cpr	2.01	0.498 736
npr	2.50	0.400 422	Mean VIF	3.14	—

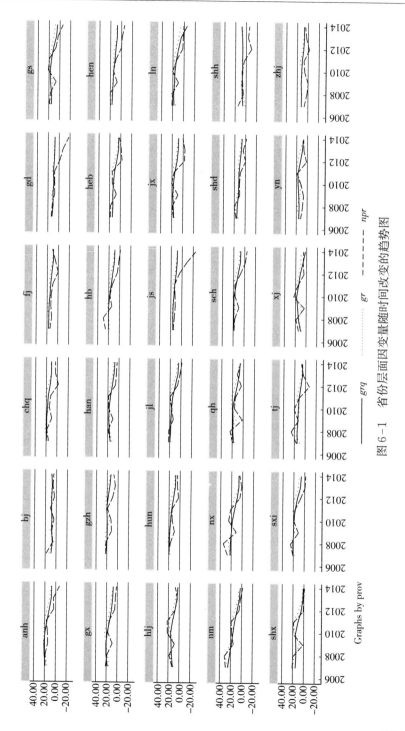

图 6-1　省份层面因变量随时间改变的趋势图

2. 相关系数分析

计算相关系数，删除掉和因变量相关系数较高的自变量，以剔除该自变量对其他自变量回归效果的影响。本次相关系数分析由于变量 $y1$、$gr1$、fcr 与因变量的相关系数较大，剔除这三个变量。

3. 豪斯曼检验

先对面板数据进行混合最小二乘回归，然后采用固定效应模型回归，结果表明固定效应模型优于混合回归，接着使用随机效应模型回归，再用 Hausman 检验，以选择合适的模型分析指标。分别以 gr、grq 和 npr 为因变量进行 Hausman 检验，结果表明，各次 Hausman 检验均显著，均需采用固定效应模型。限于篇幅，本书仅列出了以 gr 为因变量的 Hausman 检验结果。Hausman 检验结果如图 6-2所示。

| | —— Coefficients —— | | | |
	(b) fixed	(B) random	(b−B) Difference	sqrt(diag(V_b−V_B)) S.E.
pop	−.4272852	−.6367989	.2095137	.
urb	−.1540749	−.0322597	−.1218152	.1654457
fdr	.3458762	.0020172	.3438589	.0910531
cpr	.4381111	.4410852	−.0029741	.
ppe	1.137351	−.2166068	1.353958	.4147905
npc	.2978742	−.0007272	.2986014	1.353112
dr	.0348829	.022534	.0123489	.0165281
fip	.0291741	.0503383	−.0211643	.0169444
mlq	.0575451	.0567665	.0007786	.
fcr	−3.662837	−2.672771	−.9900657	.339453

b = consistent under Ho and Ha; obtained from xtreg

B = inconsistent under Ha, efficient under Ho; obtained from xtreg

Test: Ho: difference in coefficients not systematic

$$chi2(10) = (b−B)'[(V\_b−V\_B)^(−1)](b−B)$$
$$=89.07$$

Prob>chi2 =0.000 0

图 6-2　以 gr 为因变量的 Hausman 检验结果

二、计量模型设定

考虑经济发展质量后，在程宇丹等（2014）的研究基础上，本文构建的计量模型如下：

$$gr_{it} = \theta + \beta x_{it} + \gamma dr_{it} + \varepsilon_{it} \qquad (6-1)$$

其中，t 代表时间；i 代表省份；ε_{it} 是误差项；gr_{it} 是 t 期的人均 GDP 增长率；dr_{it} 是地方政府 t 期的债务负担率；x_{it} 是一系列控制变量的总和。

由于本文使用的数据是面板数据，各省份的经济增长率之间可能存在较大差异，因此在模型（6-1）中加入表示地区异质性的个体效应项 u_i：

$$gr_{it} = \theta + \alpha y_{it1} + \beta x_{it} + \gamma dr_{it} + u_i + \varepsilon_{it} \qquad (6-2)$$

样本期内地方政府政策不稳定，中央政府的财政政策也在不断调整，估计结果可能会受时间周期的影响，在模型（6-2）的基础上需要纳入时间固定效应 φ_i：

$$gr_{it} = \theta + \alpha y_{it1} + \beta x_{it} + \gamma dr_{it} + u_i + \varphi_i + \varepsilon_{it} \qquad (6-3)$$

为检验经济增长质量和地方政府债务负担率之间的关系，以劳动生产率提高率（npr）为被解释变量，同样的，分别构造一般回归模型、考虑个体效应模型和考虑时间效应的固定效应模型，如下式所示：

$$npr_{it} = \theta + \alpha y_{it1} + \beta x_{it} + \gamma dr_{it} + \varepsilon_{it} \qquad (6-4)$$

$$npr_{it} = \theta + \alpha y_{it1} + \beta x_{it} + \gamma dr_{it} + u_i + \varepsilon_{it} \qquad (6-5)$$

$$npr_{it} = \theta + \alpha y_{it1} + \beta x_{it} + \gamma dr_{it} + u_i + \varphi_i + \varepsilon_{it} \qquad (6-6)$$

为解决内生性问题，本文通过两种方法处理：

1. 地方政府债务的滞后项

将地方政府债务滞后一项作为地方政府债务的工具变量，以排除双向因果效应的影响。

$$gr_{it} = \theta + \alpha y_{it1} + \beta x_{it} + \gamma dr_{it1} + u_i + \varphi_i + \varepsilon_{it} \qquad (6-7)$$

2. 经济增长率的前向平均值

将经济增长率的前三项平均值代替经济增长率，使经济增长率对应的时期迟后于地方政府债务规模对应的时期，保证结果中没有经济增长率对地方政府债务规模的反向影响。

$$Griq = \theta + \alpha y_{it1} + \beta x_{it} + \gamma dr_{it} + u_i + \varphi_i + \varepsilon_{it} \qquad (6-8)$$

以上模型针对地方政府债务规模对经济增长的影响是线性的情况。如果地方政府债务规模对经济增长的影响是非线性的，则需要对在模型中加入地方政府债务规模的二次项。

三、地方政府债务规模对经济增长的影响

（一）地方政府债务规模对经济增长及经济增长质量的线性影响

为比较不同模型的实证效果，本文依次尝试经济增长的 OLS 模型（6-1）和经济增长质量的 OLS 模型（6-4）、经济增长的个体效应模型（6-2）和经济增长质量的个体效应模型（6-5）、经济增长的双向固定效应模型（6-3）和经济增长质量的双向固定效应模型（6-6）、以政府债务规模滞后项为工具变量的双向固定效应模型（6-7），以及前向经济增长率均值为因变量的双向固定效应模型（6-8），回归结果如表6-3所示。

表6-3　地方政府债务规模对经济增长的线性影响

		政府债务	滞后政府债务	政府债务系数	其余控制变量	省份固定效应	时间固定效应	样本量	R^2
经济增长	模型（1）	0.016**(2.42)	—	0.022	是	否	是	240	0.4028
	模型（2）	0.088*(1.71)	—	0.035	是	是	否	240	0.5866
	模型（3）	0.038**(2.09)	—	0.041	是	是	是	240	0.7170

（续）

		政府债务	滞后政府债务	政府债务系数	其余控制变量	省份固定效应	时间固定效应	样本量	R^2
经济发展质量	模型（4）	0.436	—	0.011	是	否	是	240	0.506 3
	模型（5）	0.005 *** (3.54)	—	0.093	是	是	否	240	0.710 7
	模型（6）	0.041 ** (2.06)	—	0.070	是	是	是	240	0.779 8
模型（7）		—	0.042 ** (2.04)	—	是	是	是	240	0.723 1
模型（8）		0.000 *** (4.10)	—	0.054	是	是	是	240	0.880 9

说明：括号中均为根据稳健性标准误计算的 t 值，***、** 和 * 分别表示在 1%、5% 和 10% 水平下的显著。

  表 6-3 中模型（6-1）是混合 OLS 的估计结果，政府债务负担率增加，经济增长率也随之显著提高，但混合 OLS 模型没有充分利用面板数据的特点，一旦存在与误差项相关的个体效应，这一回归结果就不可靠。回归模型（6-2）包含了省份个体特性的固定效应，显著性下降，模型的解释力增强，政府债务规模对经济增长的效应增强；模型（6-3）考虑了政府政策的周期性影响，模型的解释力提升，显著性比较强稍有下降，可能是双向因果关系的影响。模型（6-4）至模型（6-6）是以经济增长质量为因变量进行的实证分析结果。回归模型（6-4）是混合 OLS 模型的结果，不存在显著性；回归模型（6-5）包含了省份个体特性的固定效应，显著性明显增强，模型解释力也增强，地方政府债务规模的经济增长质量效应增强；模型（6-6）考虑了政府政策的周期性影响，模型的解释力提升，但显著性和经济增长质量效应均下降。

  模型（6-8）是使用向前三年人均 GDP 增长率作为因变量的回归结果，消除了经济增长率对地方政府债务规模的反向影响，回归结果显著，且模型解释力和显著性都有良好表现。因此，线性影响模型的结果表明，地方政府债务规模对经济增长的影响是正向的且显著，即政府债务负担率每提升 1 个百分点，地方经济增长率会提高 0.054 个百分点。

当解释经济增长质量时，双向固定效应模型回归也是可靠的，地方政府债务规模对经济增长质量的影响也是积极的且显著，即政府债务负担率每提升 1 个百分点，地方劳动生产率提高率会升高 0.070 个百分点。

（二）地方政府债务规模对经济增长的非线性影响

根据地方政府债务规模对经济增长的线性影响分析，当不存在双向因果效应时，个体效应模型分析是可靠的；当存在双向因果效应时，以先前三年人均 GDP 增长率作为均值的回归更为可靠。为考察地方政府债务规模对经济增长的非线性影响，分别使用个体效应模型和以平均增长率为因变量的双向固定效应模型。回归结果如表 6-4 所示。在个体效应和双向固定效应非线性模型下，地方政府债务对经济增长的影响非常显著；政府债务二次项系数为负且 1% 水平下显著，表明地方政府债务规模与经济增长间存在非线性关系。对经济增长质量的个体效应模型表明，地方政府债务对经济增长质量影响非常显著，政府债务二次项系数为负且 1% 水平下显著，表明地方政府债务规模与经济增长质量间存在非线性关系。

表 6-4 地方政府债务对经济增长的非线性影响

	政府债务	政府债务二次项	其他控制变量	省份固定效应	时间固定效应	样本量	R^2
当年人均实际经济增长率的个体效应模型	0.002 *** (3.31)	−0.004 *** (−2.95)	是	是	否	240	0.522 0
向前三年平均值的个体效应模型	0.000 0 *** (5.41)	−0.000 *** (−4.30)	是	是	否	240	0.757 7
向前三年平均值的双向固定效应模型	0.001 *** (3.34)	0.051 ** (−1.96)	是	是	是	240	0.852 3

（续）

	政府债务	政府债务二次项	其他控制变量	省份固定效应	时间固定效应	样本量	R^2
经济增长质量的个体效应模型	0.000 0 *** (3.85)	0.002 *** (−3.16)	是	是	是	240	0.692 4

说明：括号中均为根据稳健性标准误计算的 t 值，***、**、和 * 分别表示在 1%、5% 和 10% 水平下的显著。

四、地方政府债务经济增长效应的地区比较

不同地区存在经济增长水平、技术创新能力和地方政府治理能力等方面的差异，对方政府债务对地方经济增长的影响程度可能存在异质性。为考虑地区层面的差异，本文基于城镇化质量、地方政府债务负担率、经济发展水平和基础实施投资率四个指标对地方区域进行划分。

（一）城镇化质量水平差异下地方政府债务规模对经济增长的影响

在城镇化发展质量层面，本书按照 2007—2014 年间我国城镇化质量综合指数（简称 UQD），将本文考察的样本地区划分为四类，高城镇化质量地区（UQD＞70）、较高城镇化质量地区（70＞UQD＞50）、中等城镇化质量地区（50＞UQD＞40）和低城镇化质量地区（UQD＜40）（王滨，2019），如表 6-5 所示。在随机效应模型中加入虚拟变量进行回归。回归结果如表 6-6 所示。

表 6-5　不同地区的城镇化质量水平划分（2007—2014 年）

变量名	城镇化质量水平	地　区
gr	高城镇化质量地区	北京、上海
jgr	较高城镇化质量地区	天津、江苏、浙江、福建、广东
zr	中等城镇化质量地区	河北、山西、内蒙古、辽宁、吉林、黑龙江、山东、陕西、安徽、江西、河南、湖北、湖南、广西、云南、海南、重庆、四川
lr	低城镇化质量地区	贵州、甘肃、青海、宁夏、新疆

表6-6 城镇化质量水平差异下地方政府债务规模的经济增长效应

被解释变量	地方政府债务规模	gr	jgr	zr	其他控制变量	随机效应	时间效应	N	R^2
向前三年增长率均值	0.037*** (3.69)	−6.994** (−2.80)	−2.446* (−1.96)	0.402 (0.37)	是	是	是	240	0.852

说明：①括号中均为根据稳健性标准误计算的 t 值，***、** 和 * 分别表示在 1%、5% 和 10% 水平下的显著。

从表6-6可以看出，城镇化质量水平不同的地区，地方政府债务规模变化对经济增长的影响程度不同。相对低城镇化地区，高城镇化水平地区的政府债务负担率增加会导致经济增长率的显著下降，且影响程度较大；较高城镇化水平地区的政府债务负担率上升也会降低经济增长速度，但影响程度逊于高城镇化水平地区；中等城镇化水平地区的债务负担率对地方经济增长的影响不显著。学者对此类现象的解释是，随着债务规模的扩大与政府官员对绩效偏好的追求，投资效率呈现逆转趋势（张成科、张欣 等，2018）。一个可能的解释是，城镇化质量水平较高的地区其人口迁移速度放慢，对基础设施、公共健康、公共福利等公共投资的需求趋于饱和或需求缓慢，对技术创新类生产要素的需求大大增加。地方政府债务的边际增加带来的公共投资效应降低，并对带来技术创新的私人投资形成较大的挤出效应，进而抑制经济增长。

（二）地方政府债务负担率差异下地方政府债务规模对经济增长的影响

基于地方政府债务负担率水平，本书以债务负担率的上四分位数和下四分位数为界，详见表6-1，将地方区域划分为高债务负担率地区（gd，地方债务负担率＞54.59%）、中等债务负担率地区（zd，15.04%＜地方债务负担率＜54.59%）和低债务负担率地区（ld，地方债务负担率＜15.04%），如表6-7所示。采用随机效应模型进行回归，回归结果如表6-8所示。

表 6-7 地方政府债务负担率水平划分（2007—2014 年）

变量名	债务负担率水平	地 区
gd	高债务负担率	北京、上海、甘肃、四川、天津、重庆、贵州
zd	中等债务负担率	广东、湖南、青海、湖北、新疆、广西、江西、浙江、福建、安徽、江苏、陕西、云南、辽宁、黑龙江、海南
ld	低债务负担率	宁夏、内蒙古、吉林、河南、山东、河北、山西

表 6-8 债务负担率水平差异下地方政府债务规模的经济增长效应

被解释变量	地方政府债务规模	gd	zd	其他控制变量	随机效应	时间效应	N	R^2
向前三年增长率均值	0.039 8*** (4.51)	−2.708 0** (−2.32)	−1.381 6* (−1.46)	是	是	是	240	0.844
劳动生产率提高率	0.207 6* (1.69)	−7.094 8*** (−4.15)	−1.965 9* (−1.65)	是	是	是	240	0.745

说明：括号中均为根据稳健性标准误计算的 t 值，***、** 和 * 分别表示在 1%、5% 和 15% 水平下的显著。

观察表 6-8 可以发现，债务负担率水平不同的地区，地方政府债务规模的经济增长效应是负的，且存在显著差异。债务负担率越高，其地方政府债务规模越大，经济增长负效应愈大，越不利于经济增长。相对低债务负担率地区，中等和高等债务负担率地区的地方政府债务规模变化的经济增长效应恰好与之相反。即低债务负担率地区的债务负担率增加一个百分点，如果其经济增长效应为一个百分点，则对于中等和高等债务负担率地区而言，其经济增长效应分别要相应下降 1.38、2.71 个百分点。债务负担率愈高，地方政府债务规模越大，经济增长负效应愈大，越不利于经济增长。如果作用于经济增长质量，相对于低债务负担率地区，中等和高等债务负担率地区的地方政府债务经济增长效应更大，债务负担率每提高 1 个百分点，劳动生产率提高率分别下降 7.09 和 1.97 个百分点。债务负担率愈高，地方政府债务规模愈大，越不利于经济增长质量的提高。

（三）基础设施投资率差异下地方政府规模经济增长的影响

由于基础设施投资数据口径不一致，本书以固定资产投资率代替基础设施投资率。基于各地固定资产投资率水平差异，以固定资产投资率的上四分位数和下四分位数为界（表6-1），将地方区域划分为高固定资产投资率地区（gf，固定资产投资率＞3.03%）、中等固定资产投资率地区（zf，1.43%＜地方债务负担率＜3.03%）和低债务负担率地区（lf，地方债务负担率＜1.43%），如表6-9所示。采用随机效应模型进行回归，回归结果如表6-10所示。

表 6-9　基础设施投资率水平划分（2007—2014 年）

变量名	基础实施投资率水平	地 区
gf	高基础实施投资率	江苏、天津、辽宁、内蒙古
zf	中基础实施投资率	安徽、北京、重庆、福建、甘肃、广东、广西、海南、湖北、河北、河南、黑龙江、湖南、吉林、江西、宁夏、青海、四川、山东、上海、山西、浙江、陕西、新疆
lf	低基础实施投资率	贵州、云南

表 6-10　基础设施投资率水平不同地区政府债务规模的经济增长效应

被解释变量	地方政府债务规模	gf	zf	其他控制变量	随机效应	时间效应	N	R^2
向前三年增长率均值	0.040 1*** (4.33)	7.568 6*** (3.72)	2.439 3* (1.58)	是	是	是	240	0.872

回归结果表明，相对低基础实施投资率地区，高基础实施投资率地区地方政府债务规模提高可以有效提升经济增长率。即，基础实施投资率水平越高，地方政府债务规模越大，越有利于经济增长。

（四）经济增长率水平差异下地方政府债务规模对经济增长的影响

基于经济增长率水平的差异，以整体均值为界（表6-1），将地方区域划分为高经济增长率地区（gg，经济增长率大于或等于14.27%）和低经济增长率地区（lg，经济增长率＜14.27%），如

表 6-11 所示。采用随机效应模型进行回归，回归结果如表 6-12
所示。

表 6-11　各地区经济增长率水平的划分（2007—2014 年）

变量名	经济增长率水平	地　　　区
gg	高经济增长率	辽宁、内蒙古、吉林、安徽、福建、江西、湖北、广西、海南、重庆、四川、贵州、云南、陕西、甘肃、宁夏
lg	低经济增长率	北京、广东、河北、河南、黑龙江、湖南、江苏、天津、青海、山东、上海、山西、浙江、新疆

表 6-12　经济增长率水平不同地区地方政府债务规模的经济增长效应

被解释变量	地方政府债务规模	gg	其他控制变量	随机效应	时间效应	N	R^2
向前三年增长率均值	0.034 2*** (3.99)	1.982 5*** (2.80)	是	是	是	240	0.860 2

观察表 6-12 可以发现，高经济增长率地区回归结果非常显著，模
型的解释力也比较强，且相对低经济增长率地区，高经济增长率地区地
方政府债务规模越大，经济增长效应越强，越有利于经济增长。

（五）经济发展水平差异下地方政府债务规模对经济增长的影响

以人均实际 GDP 的上下四分位数为界限，将样本区域划分为高发
展水平、中等发展水平和低发展水平地区。高发展水平地区（gh）的
人均实际 GDP ＞4.49 个单位，中等发展水平地区（zh）的人均实际
GDP 位于 2.31 和 4.49 单位之间，低发展水平地区（lh）的人均实际
GDP＜2.31 单位。各地区的划分如表 6-13 所示。采用随机效应模型
进行回归，回归结果如表 6-14 所示。相对经济发展水平低的地区，高
度和中度经济发展水平地区，地方政府债务规模越大，越有利于经济增
长，且经济发展水平越高的地区，扩大地方政府债务规模的经济增长效
应越大。

表 6-13　各地区经济发展水平的划分（2007—2014 年）

变量名	经济发展水平	地　区
gh	高度经济发展	北京、天津、内蒙古、上海、江苏、广东、浙江
zh	中度经济发展	河北、山西、辽宁、吉林、福建、山东、河南、湖北、湖南、海南、重庆、黑龙江、陕西、青海、新疆、宁夏
lh	低度经济发展	安徽、江西、广西、四川、贵州、云南、甘肃

表 6-14　经济发展水平不同地区的政府债务规模对经济增长的影响

被解释变量	地方政府债务规模	gh	zh	其他控制变量	随机效应	时间效应	N	R^2
向前三年增长率均值	0.040***(4.31)	3.002 1*(1.76)	1.678*(1.616)	是	是	是	240	0.867 4

五、结论及政策含义

实证研究结果表明：将城镇化水平、科技创新和教育支出指标纳入经济增长影响效应计量模型中，并考虑时间效应和固定效应后，地方政府债务规模对经济增长和经济增长质量的影响是显著的，且地方政府债务的经济增长效应存在区际差异。债务负担率水平、城镇化质量水平不同的地区，与其相应的低水平地区相比，高水平地区的地方政府债务经济增长效应显著为负，且随债务负担率水平和城镇化质量水平的提高，地方政府债务带来的经济增长负效应越大。基础设施投资率、经济增长率和经济发展水平不同的地区，与其相应的低水平地区相比，地方政府债务规模的经济增长效应为正，且随着基础设施投资率、经济增长率和经济发展水平的提升，地方政府债务规模越大，经济增长效应也越大，越有利于经济增长。这意味着，要适当控制高债务负担率地区地方政府债务规模的扩张，对城镇化质量水平不同的地区，根据实际情况，动态监管其地方政府债务规模，使其处于合理的区间。

主要政策含义如下：

（一）各地区宜将地方政府债务规模控制在有益本地区经济增长的限度内

地方政府可能会滥发债务，致使债务负担率过高，这可能会挤出社会投资，降低经济效率，严重时可能引发债务危机。但地方政府债务规模上限标准具有异质性，应根据区域差异和经济增长情况的不同，设立不同标准。凡促进经济增长的地方政府债务扩张都是帕累托效率改进，符合资源最优配置法则。对于地方政府债务负担率较低的地区，可以适当扩大地方债务规模，反之，则应适当缩减地方政府债务规模。

（二）地方政府债务规模的管控应具有差异性和动态性

不同地区地方政府债务规模对经济增长的影响区别悬殊，可以根据区域特征实施相机抉择的政策。譬如，对于城镇化质量较高的上海、北京等地区，政府职能更多定位于生产前的决策机构，"通过公共选择这一集体机制对当地居民所欲的公共物品的供给者、数量与质量、生产与融资方式、管制方式等问题做出决策（Elinor Ostrom，2000）"。应控制这些地区的地方政府债务规模，降低地方政府债务负担率，更多发挥市场机制的作用，促进技术创新对经济增长的促进效应和对居民的收入效应。对于城镇化质量水平不太高的地区可以适当增加地方政府债务规模，充分发挥公共投资对经济增长的带动作用。另外，同一地区地方政府债务规模管控制度应具有动态性，随着地方经济增长情况和债务规模的变化而进行动态调整，契合地方政府债务与经济增长关系的规律性，以更好地促进地方经济增长。

（三）在地方经济发展过程中动态化解地方政府债务风险

对于经济发展水平或经济增长率较高的地区，地方政府债务规模的扩张不仅不会降低经济增长效应，反而能有效促进经济增长，且经济发展水平越高，经济增长率越高，促进经济增长的效应越大。可以解释为，高经济增长率和高经济发展水平的地区具有较强的地方政府债务消化能力，地方政府债务风险可以得到有效控制。因此，政府应采取各种改革和创新手段及措施，进一步提升制度优势，以充分释放经济发展活力，保持地方经济的快速发展，在经济发展过程中化解地方政府债务风险。

参 考 文 献

布伦南，布坎南．宪政经济学［M］．冯克利等，译．北京：中国社会科学出版社，
　2005：28，34．

柯武刚，史漫飞．制度经济学——社会秩序与公共政策［M］．北京：商务印书馆，
　2000：36．

马克思．资本论（第1卷）［M］．北京：人民出版社，1975：822．

凯恩斯．就业利息和货币通论［M］．北京：商务印书馆，1994：110．

理查德·A·马斯格雷夫．比较财政分析［M］．上海：上海人民出版社，1996：292．

Wallace E·Oates．财产税与地方政府财政［M］．北京：中国税务出版社，2005：19．

阿瑟·奥莎利文．城市经济学［M］．北京：北京大学出版社，2008：325．

埃莉诺·奥斯特罗姆．制度激励与可持续发展：基础设施政策透视［M］．上海：上海
　人民出版社，2000：87，160-174．

奥利维尔·布兰查德．宏观经济学（第4版）［M］．钟笑寒等，译．北京：清华大学出
　版社，2010：559．

保罗·萨缪尔森，威廉·诺德豪斯．经济学（第18版）［M］．北京：人民邮电出版
　社，2008：622，632．

丹尼斯·C·缪勒．公共选择理论［M］．杨春学等，译．北京：中国社会科学出版社，
　1999：309．

弗雷德里克·S·米什金．宏观经济学——政策与实践［M］．北京：中国人民大学出
　版社，2012：393．

杰拉尔德·冈德森．美国经济史新编［M］．北京：商务印书馆，1994：275．

康芒斯．制度经济学（下册）［M］．商务印书馆，1962：12．

理查德·A·马斯格雷夫，佩吉·B·马斯格雷夫．财政理论与实践（第5版）［M］．
　北京：中国财政经济出版社，2003：472-482，522．

罗纳德·J·奥克森．治理地方公共经济［M］．北京：北京大学出版社，2005：5．

迈克尔·麦金尼斯.多中心体制与地方公共经济学 [M].上海：上海人民出版社，2000：4-47.

约翰·道恩斯，乔丹·艾略特·古特曼.金融与投资辞典 [M].上海：上海财经大学出版社，2008：135.

田中重好.日本的城市规划和城市社会的特殊性质 [M].中国城市评论（第1辑），南京：南京大学出版社，2005：155.

阿马蒂亚·森.以自由看待发展 [M].任赜，于真译.北京：中国人民大学出版社，2002：124-125.

亚当·斯密.道德情操论 [M].北京：商务印书馆，1997：106.

亚当·斯密.国民财富的性质和原因的研究（下卷）[M].北京：商务印书馆，1974：270，272，284，493.

陈会玲.中国地方政府债券发行和管理制度研究 [M].北京：经济科学出版社，2018：5.

陈志武.金融的逻辑 [M].西安：西北大学出版社，2015：163.

高培勇，宋勇明.公共债务管理 [M].北京：经济科学出版社，2004：280.

郭小东.新比较财政导论 [M].广州：广东科技出版社，2009：104.

胡书东.经济发展中的中央与地方关系——中国财政制度变迁研究 [M].上海：上海人民出版社，2001：145-146.

蒋时节.基础设施投资与城镇化进程 [M].北京：中国建筑工业出版社，2010：116-121.

李建昌，张进昌.当代日本财政简明教程 [M].北京：中国财政经济出版社，1989：122.

李萍.中国政府间财政关系图解 [M].北京：中国财政经济出版社，2006：17.

刘长琨.日本财政制度 [M].北京：中国财政经济出版社，1998：104.

吕炜.我们离公共财政有多远 [M].北京：经济科学出版社，2005：136.

马寅初.财政学与中国财政——理论与现实（下册）[M].北京：商务印书馆，2001.

宁骚.公共政策学 [M].北京：高等教育出版社，2003.

沈立人.地方政府的经济职能和经济行为 [M].上海：上海远东出版社，1998：19-25.

孙荣，许洁.政府经济学 [M].上海：复旦大学出版社，2001：185.

万鹏飞，白智立.日本地方政府法选编 [M].北京：北京大学出版社，2009：

82，85.

卫志民．政府干预的理论与政策选择［M］．北京：北京大学出版社，2006：
310，313.

夏锦良．公债经济学［M］．北京：中国财政经济出版社，1991：216.

徐霜北．文明演化与政策秩序——多维的财政分权［M］．北京：经济科学出版社，
2008：37.

杨辉．市政债券发行规则与制度研究［M］．北京：经济科学出版社，2007：114.

张路．美国 1934 年证券交易法［M］．中英文版，北京：法律出版社，2006：381-393.

章江益．财政分权条件下的地方政府负债——美国市政公债制度研究［M］．北京：中
国财政经济出版社，2009：151.

赵建国．政府经济学［M］．大连：东北财经大学出版社，2008：193-195.

钟晓敏．地方财政学［M］．北京：中国人民大学出版社，2006：75.

周正庆．证券知识读本［M］．北京：中国金融出版社，1998：30.

巴曙松，王劲松，李琦．从城镇化角度考察地方债务与融资模式［J］．中国金融，
2011（19）：20-22.

车树林．政府债务对企业杠杆的影响存在挤出效应吗？——来自中国的经验证据［J］.
国际金融研究，2019（1）：86-96.

陈浩宇，刘园．城镇化水平、城投债信用利差和地方经济的关系研究——基于 2008—
2016 年各省债务发行数据的实证［J］．江西社会科学，2019（2）：85-95.

陈会玲，魏世勇．城镇化水平与地方政府债务规模关系的理论与实证研究［J］．金融
经济学研究，2018（3）：104-115.

陈会玲．日本地方政府债券发行管理制度研究［J］．湖南社会科学，2013
（12）：16-18.

陈会玲．地方政府债券及其逻辑起因［J］．企业经济，2011（11）：145-147.

陈会玲等．地方政府债券违约风险形成机制及防范［J］．企业经济，2012
（7）：142-145.

陈菁．我国地方政府性债务对经济增长的门槛效应分析［J］．当代财经，2018（10）：
33-44.

陈志刚，吴国维．地方政府债务促进了区域经济增长吗？［J］．天津财经大学学报，
2018（4）：48-60.

成涛林，孙文基．新型城镇化视角下的地方政府债务管理探讨［J］．南京社会科学，

2015（2）：27-32，39.

成涛林．新型城镇化地方财政支出需求及资金缺口预测：2014—2020年［J］．财政研究，2015（8）：52-57.

程宇丹，龚六堂．财政分权下的政府债务与经济增长［J］．世界经济，2015（11）：3-28.

程宇丹，龚六堂．政府债务对经济增长的影响及作用渠道［J］．数量经济技术经济研究，2014（12）：22-37，141.

戴双兴，吴其勉．土地出让金、房地产税与地方政府债务规模实证研究［J］．东南学术，2016（2）：124-131.

刁伟涛．空间关联下中国地方政府债务的经济增长效应研究［J］．云南财经大学学报，2016（4）：46-53.

刁伟涛．债务率、偿债压力与地方债务的经济增长效应［J］．数量经济技术经济研究，2017（3）：59-77.

杜强．我国地方债务快速膨胀的成因、风险及其化解途径［J］．现代管理科学，2014（9）：78-80.

龚强，王俊，贾坤．财政分权视角下的地方政府债务研究：一个综述［J］．经济研究，2011（7）：144-156.

韩健，程宇丹．地方政府债务规模对经济增长的阈值效益及其区域差异［J］．中国软科学，2018（9）：104-111.

洪源，秦玉奇，王群群．地方政府债务规模绩效评估、影响机制及优化治理研究［J］．中国软科学，2015（11）：161-175.

胡奕明，顾祎文．地方政府债务与经济增长［J］．审计研究，2016（5）：104-112.

华夏，马树才，韩云虹．地方政府债务如何影响实体企业信贷融资——基于异质性视角的中国工业企业微观数据分析［J］．贵州财经大学学报，2020（3）：33-39.

黄昱然，卢志强，李志斌．地方政府债务与区域金融差异的借鉴增长效应研究［J］．当代经济科学，2018（3）：1-12.

黄昱然，等．地方政府债务与区域金融差异的经济增长效应研究——基于非线性面板平滑转化回归模型［J］．当代经济科学，2018（3）：1-12，124.

贾康，白景明．县乡财政解困与财政体制创新［J］．经济研究，2002（2）：3-9.

贾康，刘薇．以"一元化"公共财政支持"市民化"为核心的新型城镇化［J］．中国财政，2013（10）：24-25.

蒋先玲. 我国发行市政债券可行性的分析 [J]. 经济问题, 2006 (3): 64-66.

柯淑强, 周伟林, 周雨潇. 官员行为、地方债务与经济增长: 一个综述 [J]. 经济体制改革, 2017 (4): 12-19.

类承曜. 我国地方政府债务增长的原因: 制度性解释框架 [J]. 经济研究参考, 2011 (38): 23-32.

李骏. 发行市政债券对促进城市基础设施建设的分析 [J]. 财经科学, 2010 (7): 111-116.

李尚蒲, 郑仲晖, 罗必良. 资源基础、预算软约束与地方政府债务 [J]. 当代财经, 2015 (10): 28-38.

厉以宁. 关于中国城镇化的一些问题 [J]. 当代财经, 2010 (1): 5-6.

刘金林. 基于经济增长视角的政府债务合理规模研究: 来自 OECD 的证据 [J]. 经济问题, 2013 (12): 25-30, 66.

刘全金, 艾昕. 地方政府杠杆率、房地产价格与经济增长关联机制的区域异质性检验 [J]. 金融经济学研究, 2017 (5): 52-61.

刘伦武. 地方政府债务的收入增长效应与分配效应研究 [J]. 当代财经, 2018 (6): 27-37.

刘少波, 黄文青. 我国地方政府隐性债务状况研究 [J]. 财政研究, 2008 (9): 65-68.

刘伟江, 王虎邦. 地方债务对经济高质量发展的影响分析 [J]. 云南财经大学学报, 2018 (10): 73-85.

刘霞, 浦成毅. 政府债务、私人投资与经济增长 [J]. 贵州财经大学学报, 2014 (4): 20-29.

刘煜辉. 利用中央政府信用纾解地方债务困境 [J]. 中国金融, 2011 (22): 74-75.

刘子怡, 陈志斌. 地方政府债务规模扩张的影响研究 [J]. 华东经济管理, 2015 (11): 96-101.

罗党论, 佘国满. 地方官员变更与地方债发行 [J]. 经济研究, 2015 (6): 131-146.

吕健. 地方政府债务对经济增长的影响分析——基于流动性视角 [J]. 中国工业经济, 2015 (11): 16-31.

吕健. 政绩竞赛、经济转型与地方政府债务增长 [J]. 中国软科学, 2014 (8): 17-28.

马金华, 刘锐. 地方政府债务膨胀的历史比较研究 [J]. 中央财经大学学报, 2018

（1）：3-11.

毛捷，黄春元．地方债务、区域差异与经济增长——基于中国地级市数据的验证 [J]．
金融研究，2018（5）：1-19.

毛捷，徐军伟．中国地方政府债务问题研究的现实基础 [J]．财政研究，2019
（1）：3-23.

毛寿龙．市政债券与治道变革 [J]．管理世界，2005（3）：43-49.

缪小林，伏润民．地方政府债务对县域经济增长的影响及其区域分化 [J]．经济与管
理研究，2014（4）：61-75.

缪小林，杨雅琴，师玉朋．地方政府债务增长动因：从预算支出扩张到经济增长预期
[J]．云南财经大学学报，2013（1）：84-91.

邱栎桦，伏润民，等．经济增长视角下的政府债务适度规模研究——基于中国西部 D
省的县级面板数据分析 [J]．南开经济研究，2015（1）：13-31.

沈桂龙，刘慧等．财政分权背景下政府债务的增长效应研究 [J]．上海经济研究.2017
（8）：61-75.

时红秀．中国地方政府债务的形成机制与化解对策 [J]．山东财政学院学报，2005
（1）：3-10.

史亚荣，赵爱清．地方政府债务对区域金融发展的影响——基于面板分位数的研究
[J]．中南财经政法大学学报，2020（1）：105-126.

孙祁祥，王向楠，韩文龙．城镇化对经济增长作用的再审视——基于经济学文献的分
析 [J]．经济学动态，2013（11）：22-28.

汪金祥，吴世农，吴育辉．地方政府债务对企业负债的影响——基于地市级的经验分
析 [J]．财经研究，2020（1）：111-125.

王滨．中国城镇化质量综合评价 [J]．城市问题，2019（5）：11-20.

王文剑，仉建涛，覃成林．财政分权，地方政府竞争与 FDI 的增长效应 [J]．管理世
界，2007（3）：13-22.

王周伟，敬志勇．城镇化进程中地方政府性债务限额设定研究 [J]．山西财经大学学
报，2015（361）：24-36.

魏博文，吴秀玲．地方政府性债务与民间资本效应分界点 [J]．经济问题，2016（3）：
55-59.

吴敬琏．城镇化效率问题探因 [J]．金融经济，2013（11）：10-12.

武靖州．地方债务、土地财政与经济增长 [J]．商业研究，2018（8）：38-44.

徐文舸.政府债务影响了经济增长吗?〔J〕.投资研究,2018 (5):98-115.

徐长生,程琳等.地方政府债务对地区经济增长的影响与机制——基于面板分位数模型的分析〔J〕.经济学家,2016 (5):77-86.

许坤.关于当前实施积极财政政策的思考〔J〕.价格理论与实践,2020 (3):6-13.

闫先东,廖为鼎.公共资本投资、内生经济增长与合理政府债务规模〔J〕.经济理论与经济管理,2017 (8):46-59.

杨灿明,鲁元平.地方政府债务风险的现状、成因与防范对策研究〔J〕.财政研究,2013 (11):58-60.

杨灿明,鲁元平.我国地方债数据存在的问题、测算方法与政策建议〔J〕.财政研究,2015 (3):51-57.

杨海霞.正确认识"准市政债券"——专访中国社科院研究生院投资系教授宋立〔J〕.中国投资,2009 (6):90-92.

杨志勇.地方债启动之配套条件研究〔J〕.地方财政研究,2009 (4):4-8.

张成科,张欣,高星.杠杆率结构、债务效率与金融风险〔J〕.金融经济学研究,2018 (3):57-67.

张德勇,杨之刚.应对城市化:中国城市公共财政对策〔J〕.财政研究,2005 (10):26-28.

张启迪.政府债务影响经济增长的利率传导机制研究〔J〕.当代经济管理,2015 (6):70-74.

张强,陈纪瑜.地方政府债务风险及政府投融资制度〔J〕.财经理论与实践,1995 (5):22-25.

张文君.地方政府债务扩张之谜:内因还是外因〔J〕.西安财经学院学报,2012 (6):5-9.

张子荣,赵丽芬.影子银行、地方政府债务与经济增长〔J〕.商业研究,2018 (8):71-77.

赵丽江,胡舒扬.制度变迁与政府债务:我国地方政府债务成因的制度分析〔J〕.河南社会科学,2018 (11):91-96.

郑威,陆远权,等.地方政府竞争促进了地方债务增长了吗?〔J〕.西南民族大学学报(社会科学版),2017 (2):135-141.

中国银行间市场交易商协会课题组.中国市政债券发展问题研究(下)〔J〕.金融发展评论,2010 (5):134-148.

周航，高波．财政分权、预算软约束与地方政府债务扩张 [J]．郑州大学学报（哲学社会科学版），2017 (2)：55-61，159.

周黎安．中国地方官员的晋升锦标赛模式研究 [J]．经济研究，2007 (7)：36-51.

周泽炯，杨勇．新型城镇化背景下地方政府债务与区域经济增长 [J]．湖南科技大学学报（社会科学版），2019 (3)：53-59.

朱家亮．城镇化进程与财政相互关系的实证研究 [J]．城市发展研究，2014 (9)：5-9.

朱娜，胡振华，倪青山．经济增长视角下我国地方政府债务可持续性测度 [J]．系统工程，2018 (5)：65-71.

朱文蔚，陈勇．地方政府性债务与区域经济增长 [J]．财贸研究，2014 (4)：114-121.

何鼎鼎．保障性住房：在准入等方面建立规范机制 [N/OL]．人民日报，2019-08-07.

爱德华兹．基础设施投资：州、地方与私人责任 [J/OL]．思想库报告，2013-08-19. http：//think. sifl. org.

财政部．地方政府一般债券发行管理暂行办法：财库〔2015〕64 号 [A/OL]．(2015-03-12)．http：//www. gov. cn/gongbao/content/2015/content_2883244. html.

胡泽君．国务院关于 2016 年度中央预算执行和其他财政收支的审计工作报告 [B/OL]．(2017-07-09)．http：//www. audit. gov. cn/n5/n26/c96986/content. html.

刘柏煊．全年新增地方政府债务限额 3.08 万亿，投向了哪里？[B/OL]．(2019-04-17)．https：//www. sohu. com/a/308475867_162281.

日本地方债券协会．地方政府债券融资目的 [EB/OL]．http：//www. chihou-sai. or. jp.

徐瑜，徐俊．中国地方政府融资平台发展历史 [B/OL]．(2018-02-01)．https：//www. sohu. com/a/220322172_480400.

中顾法治新闻网．日本地方公债与美国市政债券 [R/OL]．(2011-05-18)．http：//news. 9ask. cn.

国务院办公厅．关于地方政府不得对外举债和进行信用评级的通知：国办发〔1995〕4 号 [A/OL]．http：//www. people. com. cn/zixun/flfgk/item/dwjjf/falv/5/5-1-05. html.

李启霖，钟林楠．深度解析地方政府债务 [B/OL]．(2019-06-25)．http：//bond. hexun. com.

中央人民政府. 关于做好地方政府专项债券发行及项目配套融资工作的通知［A/OL］.
(2019 - 06 - 10) . http：//www. gov. cn/zhengce/2019 - 06/10/content _ 5398949. htm.

Arther B. & Wesley M. Measuring Business Cycles ［M］. New York：National Bureau
of Economic Research，1946.

Carmen M. Reinhart & Kenneth S. Rogoff. This Time Is Different-Eight Centuries of Fi-
nancial Folly ［M］ Princeton：Princeton University Press，2009.

Claudia Goldin & Laurance Katz. the Race Between Education and Technology ［M］.
Cambridge：The Belknap Press of Harvard University Press，2008.

Musgrave，R. A. & Peggy B. Public Finance in Theory and Practice ［M］. New York：
McGraw-Hill Book Company，1976.

R. A. Musgrave. Fiscal System ［M］. New Haven：Yale University Press，1969.

W. W. Rostow. Politics and the Stages of Growth ［M］. Cambridge：Cambridge Univer-
sity Press，1971.

Akai N，Sato M. Too big or too small? A synthetic view of the commitment problem of
inter-regional transfers ［J］. Journal of Urban Economics，2008，64（3）：551 - 559.

Bordon M，Manasseh P，Tortellini G. Optimal regional redistribution under asymmetric
information ［J］. The American economic review，2001，91（3）：709 - 723.

CAI & Talisman CAI H，Talisman D. State corroding federalism ［J］. Journal of Public
Economics，2004，188（3）：819 - 844.

David A. Aschauer. Is Public Expenditure Productive? ［J］. Journal of Monetary Eco-
nomics，1989，23（3）：177 - 200.

Dep ken & La Fountain. Fiscal consequences of public corruption：Empirical evidence
from state bond ratings ［J］. Public Choice，2006，126（1）：75 - 85.

Feiock R C，Taverns A F，Lu-bell M. Policy Instrument Choices for Growth Manage-
ment and Land Use Regulation ［J］. The Policy Studies Journal，2008，3，
（3）：461 - 480.

Hackbart，Merle M & James Lei-gland. State Debt Policy and Management Policy：a
National Survey ［J］. Public Budgeting & Finance，1990，10（1）：37 - 54.

Johann Bröthaler，Michael Getzner，Gottfried Hebe. Sustainability of local government
debt：a case study of Austrian municipalities ［J］. Empiric，2015，42（3）：
521 - 544.

Klaus Desmet & Esteban Rossi-Hansberg，Urban Accounting and Welfare [J]. American Economics Review，2013，103（6）：2296 - 2327.

Krishna A，Vissing Jorgensen A. The Aggregate Demand for Treasury Debt [J]. Journal of Political Economy，2012，120（2）：233 - 267.

Marcus Ahlborn，Rainier Schweicker. Public debt and economic growth systems matter [J]. International Economics and Economic Policy，2018，15（2）：373 - 403.

Michael Kumhof，IrinaYakadina. Government debt Bias [J]. IMF Economic Review，2017，65（226）：1 - 29.

Skip Kruger & Robert W. Walker. Divided Government，Political Turnover and State Bond Ratings [J]. Public Finance Review，2008，（1）：259 - 286.

Ugo Panizza，Andrea F. Presbitero. Public debt and economic growth in advanced economies：a survey [J]. Swiss Journal of Economics and Statistics，2013，149（2）：175 - 204.

Vicente Est eve & Cecilia Tamara，Public debt and economic growth in Spain，1851—2013 [J]. Cliometrica，2018，12（2）：219 - 249.